貓奴必備的家庭醫學百科

Neko Medical

野澤延行／著

何姵儀／譯

與你朝夕相處，
與你共度一生。

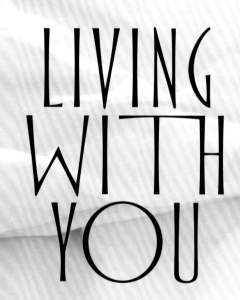

LIVING
WITH
YOU

早啊！
又是一如往昔的
清晨。

慢走。
幾點回來？

LIVING
WITH
YOU

他們說
人類的飯不可以吃。

這裡是可以
臨高俯瞰、
奮力一跳的好地方。

玩的時候，我可不會放水喔！

平淡無奇的
每一天。

就是想要
和你在一起，
直到永遠。

LIVING
WITH
YOU

目錄

Contents

I 生活篇　貓咪居家也瘋狂

II 健康篇　貓咪健康不可少

前言

Introduction

　　喜歡貓，而且想要和貓一起生活的人愈來愈多了。只要那自由自在、我行我素的貓待在自己身旁，就能讓人感到療癒與喜悅。

　　希望如此惹人憐愛的貓可以「一直健康長壽」時，一起生活的人需要注意哪些地方呢？為了貓咪的健康，我們平時又能夠替牠們做些什麼事呢？本書將會以淺顯易懂的方式，告訴大家如何面對與解決這些問題。

　　一旦貓咪進入我們的生活，和家人一樣朝夕共處，身為飼主當然會希望牠們能夠過得健康快樂。實際上與過去相比，家貓的平均壽命已經超過15歲，算是相當長壽了。

　　但是，平常如果能夠多加留意，將焦點放在貓咪的健康上，就算進入漫長的高齡期，也可以保持活力、「健康長壽」，那麼為貓咪實現「幸福長生」的生活應該不成問題。

　　身體有沒有異狀？有沒有壓力或不滿？生活環境是否讓貓咪不易生病？貓咪有沒有感受到原本應有的

自由與幸福——？身為飼主，如果每天都要顧慮到這些與健康有關的事情，坦白說，並不容易。

關於標題，我分別用了7個字，代表讓貓咪保持身心健康、延年益壽的關鍵句。

那就是「貓咪居家也瘋狂」，意指讓貓咪在家也能過得健康長壽。

至於為了預防疾病和早期發現異狀，我又用「貓咪健康不可少」當作與早期發現疾病相關的關鍵句。

只要把這兩句標語牢記在心（也可以影印下來貼在牆上），在生活當中隨時留意愛貓的情況，相信家裡的貓咪一定可以過得更加舒適與健康。

本書有別於以往的貓咪醫學書，是一本能夠讓人更加親近貓咪的健康書。在生活篇與健康篇的內容當中，還可以欣賞到大家投稿至以貓狗為主的熱門手機應用程式「Dokonoko」中的貓咪照片，同時也希望本書有助於讓各位的愛貓活得更健康與幸福。

野澤延行

導覽貓介紹

這本書不是一般的貓咪醫學書，
而是站在貓咪的立場，輕鬆漫談與「貓咪健康、幸福長壽」有關的書。
書中有不少貓咪登場，
我們特地從中挑選2隻貓為代表，並在後半部的健康篇當中一邊說明、
一邊為大家介紹與貓咪健康有關的各種疑難雜症、請求與提案。

小喵

2歲2個月的公貓。略微
健壯的英國短毛貓。煩惱
就是只要開始踩踏棉被，
就會忍不住想要上廁所。

貓咪老師

11歲的公貓。有獸醫執
照。出生於東京・谷中的
米克斯（雜種貓）。特技
是花1個月的時間把自己
胸前的那顆大毛球舔掉，
完全不靠飼主的幫忙。

導覽貓的夥伴

Dokonoko

「Hobonichi（ほぼ日）」所營運的貓狗SNS手
機應用程式。只要登記家中共同生活的貓狗資料，
投稿時順便附上照片與留言，就能天天為家中的毛
小孩留下紀錄。不僅如此，還能夠看到世界各地的
毛小孩。而傳遞工作人員留言與心得的「放送局」
也深受讀者喜愛。
只要與自己所處的地區以及動物連線，萬一家裡的
貓咪走失，就能夠立刻製作尋貓啟事，這樣在找貓
時就可以派上用場，而且遇到災難時還能夠立刻掌
握鄰近的避難收容所。不管是家裡的貓咪、附近的
貓咪，還是在遠處的貓咪，這是一個可以讓身在各
地的飼主關係更加密切，深受愛好動物人士喜愛的
實用手機應用程式。
不僅如此，本書還有許多大家投稿到Dokonoko上
的貓咪照片呢。

提供貓咪照片的飼主

おのまる／moco&pino／ルーとフィー／Kimika／リ
ツコ／川村にゃ子／まあ。／うーちゃんママ／七右衛門
／5／又たび屋粉右衛門／チョビ／おたかさん／has／
かずさん／akineco／ゆかぽん／Kuroco35／carin／
マキ MAKI／tomo／なお（naococo）／あくあ／きゅ
ぴ／リツコ／てぃすみ／t&m co.／COCOA & SALT／
ホーラ／もひら／ガラモン／ぽんりん／いとまち／とら
ばちお／ぼんちー／ナナ／きよえ／こうし☆くりいむ／
hachi／岩跳／ねねさんの召使い／Hasegawa Akiko／
たにみちみさき／どんッママ／ななとはち／ひろこ／ま
りお Mario／M&W／モノクロ3兄妹／サカモ／ぽん
りん／akiko／きゅぴ／エコー／Takako／みー（クロ
エ）／maul／mi-koshiji／atsu／mari／柑橘家族／
Ponta／チロル／Momoco／bomami／〆鯖／ロゼッ
タ／eri／みず／shibu2／みかんぷっち／夢みるかえる
／suzuyoshi／あよっこ／ザジエモン／P子／ちいたら
／ねhere

其他登場的貓咪

阿萩

麻糬

小牛

三毛

小猛

Neko Medical

生活篇

貓咪居家也瘋狂

讓貓咪過得健康長壽的
7個約定

貓咪生性慵懶、我行我素，可以的話，最好是讓牠們自由、無拘束地生活。
另外，共同生活的飼主也要毫不保留地將自己的愛傳達給貓咪知道。
在逍遙自在的日子裡，貓咪如果能生活在充滿愛的環境中，就會更加健康長壽喔！

睡覺才是長壽的祕訣

睡覺可以避免體力白白浪費。午睡也是一項非常重要的工作。所以當貓咪躺在床上時千萬不要吵牠，要讓牠好好睡覺喔。

*p.*70

不要忘記要好好互動

撫摸貓咪或是幫貓咪梳毛等肢體接觸固然重要，不過一起玩狩獵遊戲，透過身心與貓咪互動交流也不容忽視。

*p.*38

跟貓咪說話 傳遞心意

就算語言不通，只要和貓咪說說話，照樣可以傳遞心意。貓咪一聽到輕柔的說話聲，安心之餘，也會有所回應的。
→ p.40

貓廁所要隨時 保持清潔

貓咪愛乾淨，飼主最常被要求的就是保持貓廁所的清潔。想讓貓咪舒適地排泄，貓廁所絕不可有汙垢或異味。擺放地點也要考量。
→ p.74

保持距離 給予自由

保持適當距離，給予自由非常重要。老是恣意靠近貓咪是會招來反感的。但如果是貓咪主動靠近的話，那就沒有問題。
→ p.38

透過窗戶 接觸世界

凝望窗外的季節變化、野鳥、昆蟲與植物等是一項有益身心的刺激，而且曬太陽還能夠平衡內分泌。
→ p.66

確保貓咪的 空間領域

能沾上氣味的空間全都是貓的勢力範圍。只要家裡有空間讓貓咪四處走動、上下跳躍，就可解決缺乏運動的問題，還能紓解壓力。
→ p.68

貓咪
真正想吃的東西

發祥於古埃及的家貓與人類共同生活已過了數千年，
這段期間貓咪吃的食物都是自己狩獵捕捉而來的。
現在，全世界的貓把人類居住的地方當成是自己的空間領域，
吃的是人類提供的食物。
然而這樣真的能夠讓貓咪滿足嗎？
這些真的是貓咪想要吃的東西嗎？

飲食照顧

何謂品質好的飲食

　　愛貓人士雖然增加了，但是對於貓咪飲食的想法卻沒有多大的改進。超市買來的貓食一打開，就直接倒入盤中。飼料少了就補充。愛貓吃的東西一直重複，這樣好嗎？就算是常吃的貓食，我們也根本不知道裡面添加了什麼東西，就這樣毫不在意地倒給貓咪吃，這是不可否認的事實。

　　既然如此，我們是否應該要好好想一下，所謂可以讓貓咪吃得更健康、品質優良的飲食究竟是什麼？

乾飼料雖然簡單方便

　　常聽人家說，大多數的飼主用來餵貓咪的乾飼料不僅營養均衡，而且只要有水，貓咪就能過得健健康康。

　　乾飼料的確簡單又方便，但就算替人類省去了不少工夫，應該也有不少人認為，一直這樣下去真的好嗎？貓咪在飲食方面真的能夠滿足嗎？其實，有些乾飼料裡摻雜了會讓貓咪消化不良的成分，以及添加物和過敏物質。為了讓愛貓過得健康長壽，飼主務必要好好為牠們檢視飲食內容。

掌握貓咪的飲食好惡

香味才能打開食慾

　　在思考貓咪的「健康飲食」之前，有一件與吃有關的事情會讓飼主感到頭疼，那就是「不知道貓咪對食物的好惡基準在哪裡」。

　　常吃的飼料突然碰也不想碰，一直對飼主發出無言的抗議，表示「我想吃的不是這個」。就算買來昂貴的飼料，也只是聞一聞味道就離去，甚至不屑一顧……。

　　這是代表不喜歡這個味道呢？還是已經吃膩了？或者只是單純鬧脾氣不想吃呢？就是因為不知道哪裡不合貓意，才會讓人如此苦惱。遇到這種情況就請大家記住一點：貓咪是靠「氣味」來判斷的。

　　貓咪對食物的氣味比較敏感，就算是些微的差異與變化也會察覺。

　　所以就算是常吃的飼料，開封之後經過一段時間，就會因為氧化而使氣味產生變化。即使牌子相同，也有可能因為食材或是添加物的些微不同而變得不想吃。

　　對貓咪來說，最重要的事情並不是味覺，而是先憑氣味來判斷要不要吃。基本上來說，貓咪「不吃＝不喜歡這個味道」。因此「好惡」的基準，第一個就是氣味。

貓咪有什麼樣的味覺？

　　貓咪擁有出色靈敏的嗅覺，那麼味覺呢？

　　雖說貓咪是美食家，但是牠們舌頭表面的味覺感受器，也就是味蕾的數量其實只有人類的十五分之一。而牠們擁有的味覺有下列幾個特徵。

● **對於苦味與酸味較為敏感**
● **幾乎感覺不到甜味與鹹味**
● **可以嚐到胺基酸的甘味**

　　野生貓為了吃而捕捉獵物時，必須留意到當中是否有毒或是腐壞，所以才會對苦味與酸味比較敏感。

　　另外，想吃動物性蛋白質是肉食性動物的本能，因此貓咪能夠嚐到食物中所含的胺基酸的甘味。由此我們可以得知，與雜食性的狗相比，貓這種具代表性的肉食性動物對於甘味的敏感程度遠勝於狗。

　　而這種對於甘味的敏感度，也表達出貓咪對於食材鮮度的要求。

　　食物入口後會與口感、滋味，以及得到熱量來源這類生理感覺進行整合，進而得到「好吃」這種滿足感以及對吃的喜悅。

貓咪若是不喜歡那個味道，就不會想要開口吃。
若要刺激食慾，香味會勝過滋味。

身體狀況與餵食方式也要注意

要注意的是，貓咪若是身體不適，有時嗅覺也會變得遲鈍而不想吃飯。像是鼻炎與貓感冒（122頁）等感染症通常會引起鼻塞，而牙周病與貓口炎有時也會影響貓咪進食。

外因方面，貓碗與用餐地點若是出現異於平常的氣味，有的貓咪可能會因此產生不悅的情緒。而用洗碗精充分洗淨貓碗，或是使用化妝品以及噴灑殺蟲劑時，殘留在周圍的氣味也要留意。

不管是生活節奏還是飲食，貓咪都會深受共同生活的人類影響。不管採用的是早晚時間固定的供餐方式，還是任何時候想吃多少就吃多少的任食制，既然貓咪身處在一個「與飢餓完全無緣的環境」之中，那麼身為飼主也要容許牠們擁有「不吃」這種任性的自由。

另外，明明是肉食性動物，卻出現對蔬菜水果，甚至連人類的零食也來者不拒的雜食性，這一點也讓貓咪的食物好惡更顯得疑雲重重。總之遇到貓咪不肯吃飯的時候，最重要的一點就是仔細觀察，判斷這種情況是因為嗜好還是偏食引起的，或是身體不適造成的，抑或只是單純耍任性不想吃。

多多瞭解貓食

綜合營養貓食與一般貓食的差別

貓食大致上可以區分為「綜合營養貓食」與「一般貓食」。所謂綜合營養貓食，通常是經過寵物食品公正交易協會認證、裡面含有足以維持貓咪健康之必須營養素，只要再提供新鮮的水，就足以讓貓咪維持生命的出色寵物食品。上述這種貓食是以提供全球小動物營養基準的美國飼料品管協會（Association of American Feed Control Officials，AAFCO）列出的營養素為標準。今日貓咪的糧食情況大幅改善，平均壽命得以延長，全都是托綜合營養貓食的福，這麼說其實一點也不為過。

以「綜合營養貓食」為主食，「一般貓食」為副食是基本原則，因為一般貓食在包裝上通常都會標示「請搭配綜合營養貓食」或是「副食類貓食」。另外，如果是單純的零食類食品，包裝上也會標示「點心・貓用零食」等字樣，請大家斟酌情況來餵食貓咪吧。

濕食與乾飼料該選擇哪一種？

購買貓食時，首先要看的是上面的標示，並以綜合營養貓食為優先考量。貓食的類型可以分為濕食與乾飼料，不過標示為一般貓食的濕食並不能當作主食，必須搭配乾飼料類的綜合營養貓食才行。

試著比較濕食與乾飼料，會發現這兩者都各有一個優缺點。

● **濕食：**水分含量超過75％的貓食。可使貓咪的排尿量增加，不易產生結石。口感好，適口性佳，能充分品嚐到食材感。但因水分多，肚子會特別容易餓。價格略高。開封後不耐保存。

● **乾飼料：**水分含量低於10％的貓食，俗稱乾乾，牙齒不易產生結石。若不讓貓咪多喝一些水，尿路會非常容易產生結石。具有飽足感，但無法品嚐到食材感。價格合理，開封後耐保存。添加物略多。小麥或是玉米等穀物含量若是過多，有可能會造成過敏。

最近市面上的乾飼料也出現了重視口感的半乾類，而濕食則是推出了湯狀與果凍狀等各種不同的類型。

氧化、品質劣化與品嚐期限

提到貓食，品嚐期限與開封後的品質劣化等情況也要特別注意。包裝上一定會印上品嚐期限，購買時一定要事先確認。

至於濕食幾乎是一開封，鮮度就會慢慢變差，所以最好是當天就吃完。

乾飼料方面，開封後只要密封，通常可以保存1個月。但是這段期間風味

既然要吃，就要讓貓咪
吃得美味、安全，而且
選擇營養均衡的食物會
更好喔。

會慢慢變差，再加上飼料裡的脂質也會因為接觸到空氣或光線而氧化，變成過氧化脂質。這是一種非常麻煩的物質，有可能會讓貓咪罹患消化器官疾病，甚至導致過敏。不僅如此，高溫、高濕度的環境還會加快氧化的速度，讓飼料劣化，因此要避免乾飼料長時間擺放在貓碗裡，若是飼料有剩就趁早丟掉，換上新的吧。

不斷進化的貓食

對於那些絕對不會把寶貝貓咪的食物稱為「飼料」的人來說，接下來要講的這件事聽了或許會讓人感到痛心。即便是今日，寵物食品依舊被歸類在「飼料」，而不是「食品」的項目之下，也就是不包含在人類食物相關法令（《食品衛生法》、《日本農林規格JAS》）所管理的對象之內。受到全美貓狗因為寵物食品而導致死亡意外頻傳的影響，在2009年《寵物食品安全法》* 實施以前，日本在這方面的安全性其實是無法可循。不過近年來為了提升品質而不斷進化，重視品質與安全性的頂級寵物食品也已經慢慢在市場上擴大占有率了。

開封後要密封，以免氧化

乾飼料要放在可以完全隔絕空氣的密封
容器中保存。放在冰箱裡有時會發霉，
若是吃不完，建議冷凍保存。

＊相關資訊來自確保玩賞動物專用飼料安全性之相關法令

裡面有什麼添加物呢？

使用更安全、更天然的食材

　　相較於隨時可以在超市購買的一般寵物食品，對於食材品質與安全十分講究的寵物食品稱為頂級寵物食品。接下來要說明的是，歐美品牌的頂級寵物食品包裝上常見的品質標示與稱呼。

　　● **Human Grade**：意指「人類食用等級的食材」，也就是不當作飼料，而是使用人類可以食用的食材。此類食品的安全是以通過人類專用食材之《食品衛生法》等為基準。

　　● **Organic Food**：原料是以有機栽種的大麥等穀類為飼料所飼養的家禽肉類或是有機蔬菜，不含任何荷爾蒙或化學物質的寵物食品。以通過有機認證機構的嚴格標準為前提，大多為歐美品牌。

　　● **Natural Food**：原料只有天然食材，完全不含任何抗氧化劑等添加物。略微高級。

　　● **Grain Free**：不使用穀物，即不使用小麥或玉米等穀類的寵物食品。以英國等歐洲品牌居多，使用的是白肉魚、鮭魚、鴨肉與火雞肉等食材。貓咪的體質不易消化穀物，而且非常容易過敏、導致肥胖，因此這種寵物食品算是一種以健康為取向的飼料。

　　但是就現狀而言，每個國家與製造商對於這些稱呼的基準並不一致，故在品質與安全性的保證上，其實是無法一概而論的。

確認寵物食品的原料

　　身為飼主，應該要知道寶貝貓咪每

頂級寵物食品的概要

	Human Grade	Organic Food	Natural Food	Grain Free
食材	人類食用等級的食材	無農藥・有機	無農藥・有機	普通
動物性蛋白質	○	○	○	○
穀物	△	○	○	─
添加物	△	○	○	△

以頂級寵物食品為名，標榜高級、健康取向的貓飼料概要。名稱標準依廠商而異，就算是國外製造的產品，也要仔細確認原料與成分。

天吃的貓食裡含有什麼原料，這是最基本的事。

市面上的寵物食品包裝上一定會記載原料與成分，只要仔細觀看乾飼料的外盒，就會發現上面記載了無數的添加物名稱。此時最需要確認的就是原料、合成色素與抗氧化劑這3項。

首先，原料方面要挑選具體列出鮪魚、鰹魚、牛肉、去骨雞肉等，也就是詳細記載食材的寵物食品。如果只是曖昧地記載「肉類」或是「家禽類」等內容的話，這裡面極有可能包含名為by-product或4D meat的家禽副產品（相當於臀頭、皮、內臟與碎肉等廢棄物）這類材料在內。

而所選擇的寵物食品，上面記載的添加物也是愈少愈好。

有害的添加物也不少

根據日本的《食品衛生法》規定，人類食品可以使用的添加物一共有432種，但是《寵物食品安全法》所規定的添加物卻只有4種。

然而寵物食品裡，其實使用了無數種一般人完全不知用途的添加物。換句話說，根本就是無所不用。

主要的添加物有合成色素與抗氧化劑這2種，除非使用的是天然材料，否則不管用哪一種都會危害到貓咪的身體健康。就有人曾經指出合成色素裡其實含有危險的致癌物。而抗氧化劑主要是用來預防乾飼料裡的脂質氧化，特別是乙氧基喹因（Ethoxyquin）這種合成的抗氧化劑其實是一種農藥，而且是不允許添加在人類的食品之中的。甚至還有人指出BHT與BHA等抗氧化劑還含有致癌性。

大家可以想像，若是長年讓寶貝貓咪食用含有這些添加物的寵物食品，會發生什麼事呢？切記，飼主的判斷是有可能會影響到寶貝貓咪的健康的。

寵物食品的原料標示
（乾飼料）

原料名
生鮭魚、乾燥雞肉、粗碾米、豌豆蛋白、雞油*、糙米、馬鈴薯蛋白、燕麥、甜菜渣、苜蓿粉、蛋白加水分解物、大豆油*、絲蘭提取物、維生素類（A、B_1、B_2、B_6、B_{12}、C、D_3、E、膽鹼、菸鹼酸、泛酸、生物素、葉酸）、礦物質類（鉀、氯化物、硒、鈉、錳、碘、鋅、鐵、銅）、胺基酸類（牛磺酸、甲硫胺酸）、抗氧化劑（混合生育素、迷迭香提取物）、綠茶提取物、留蘭香提取物 *以混合生育素的型態保存

包裝上的原料名稱通常會從含量多的成分開始標示。記得要挑選具體列出食材的寵物食品，並且要特別注意合成色素與抗氧化劑。（照片：山與溪谷社編輯部）

27

有益與有害健康的食物

人吃的東西不可給貓吃的理由

獸醫通常會告訴飼主「人類吃的食物不可以給貓咪吃」。有的飼主會非常不滿地質問：「為什麼不可以跟心愛的貓咪吃一樣的東西？」關於這一點，大家一定要嚴格地區分。

常聽到有人說，那是因為人類的食物味道比較鹹，其實會引起問題的並不是只有鹽分。一般成人所吃的食物除了鹽分與糖分，其他像油脂類與熱量等，對貓咪來說全部都過多，非常容易造成肥胖或是導致生活習慣病。

只要想想「一般大人吃的食物會若無其事地拿給嬰兒吃嗎？」應該就不難理解了。大人覺得好吃的那些調味重又油膩的料理，要是讓「身體比嬰兒還要嬌小」的貓咪吃的話，一切都會過多，而且還會對消化與代謝功能有別於人類的貓咪身體造成負擔，甚至危害牠們的健康。

容易造成肥胖的食物

當貓還是野生的時候，主要是靠狩獵來攝取動物性蛋白質，鮮少出現肥胖這種情況。然而開始與人類一起生活的現代貓咪，卻出現了肥胖這個問題。原因之一，就是碳水化合物含量過多的乾飼料。尤其是為了增加分量而提高玉米粉與麵粉等穀類成分的寵物食品，更是會造成問題。

碳水化合物、蛋白質與脂質是多數哺乳類動物所需的三大營養素。而貓的特徵就是攝取的蛋白質分量比人和狗還要多，但是碳水化合物反而比較少。因為貓咪體內可以消化碳水化合物等醣質的澱粉酶（Amylase）分泌量並不多，所以將其轉換成熱量的能力很差。在這種情況之下，攝取的碳水化合物若是過多，就會通通轉換成脂肪。

**必須的
三大營養素比例**

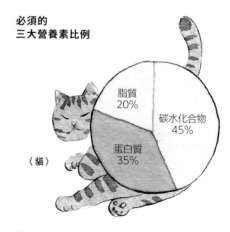

脂質
20%

碳水化合物
45%

蛋白質
35%

〈貓〉

從這張圖表可以看出，貓咪原本就不太需要碳水化合物，但是相對地，蛋白質的需要量卻比其他動物還要多。

出處：《小動物的臨床營養學》第4版

也就是說，貓明明是不太需要攝取碳水化合物的體質，卻因為飼主將這種營養素當作貓食來餵食，所以才會不小心吃下肚。而且分量愈多，體重就會增加，如果再加上運動不足，連人類的食物也跟著分食一些的話，當然就會愈來愈胖。

愛吃零食沒有問題嗎？

超級市場等寵物食品賣場的「零食區」，經常陳列著琳瑯滿目的商品。零食類的寵物食品適口性佳，加上貓咪又愛吃，不少飼主都會一不小心就多給，但要記住的是這畢竟是點心，不可以與主食相提並論。

餵食的時候必須遵守包裝上記載的分量，盡量不要超過1天所有正餐量的1成。貓咪和人類一樣，點心要是吃多

了，很容易出現肥胖或偏食等情況，加上零食又會讓貓咪吃不下營養均衡的主食，這樣對健康是會造成負面影響的。

貓咪沒有食慾的時候，其實是可以撒一些零食在主食上的，然而要記住的是，倘若貓咪對於當作主食的貓食已經相當滿足的話，那麼就不需要特地給牠們零食了。

另外也要好好確認包裝上的原料名稱，避免選擇添加大量調味料、增稠劑與防腐劑等添加物的零食比較安全。

會導致生活習慣病的食物

寵物食品中的綜合營養貓食裡，含有貓咪必須的均衡營養素，只要遵守1天應該給予的分量，基本上是不用擔心肥胖的。

然而除此之外，若再加上一般貓食或零食，甚至看到貓咪想要分食人類的食物就分一些給牠們的話，便會提高肥胖或罹患生活習慣病的風險。貓咪之所以會跟人類一樣得到生活習慣病，主因往往與失衡的飲食生活，以及缺乏運動而導致體重增加或壓力累積息息相關。而生活習慣病當中，常見的有糖尿病、毛球症、貓痤瘡（貓粉刺）、黃脂病與惡性腫瘤（癌症）等等。

不僅如此，貓咪還需要一個可以悠哉生活的環境。慢性壓力會導致免疫力下降，有時甚至會讓病症更容易發作。將貓咪飼養在狹小空間裡所造成的運動不足與溝通不良，也是導致壓力的主要原因。可見貓咪的生活習慣病除了與飲食有關之外，和心靈健康方面也有密不可分的關係。

〈狗〉

脂質 15%
蛋白質 25%
碳水化合物 60%

〈人〉

脂質 14%
蛋白質 18%
碳水化合物 68%

〈續〉有益與有害健康的食物

長期食用會危害健康的食物

以下這幾種是偶爾少量食用不會有問題，但若長期且持續食用一定的量就會對貓咪有害的食物。

● **青魚**：不飽和脂肪酸含量很多的青花魚、竹筴魚與沙丁魚之類的青魚會讓貓咪體內的脂肪氧化，過量攝取的話，恐怕會引發黃脂病。

● **墨魚・章魚**：其內臟所含有的硫胺酶（Thiaminase）會破壞貓咪體內的維生素B_1，導致神經障礙，因此嚴禁讓貓咪大量食用生墨魚（加熱處理可預防這種情況發生）。此外，雙殼貝也含有硫胺酶。

● **肝臟**：若長期讓貓咪大量食用肝臟會引起維生素A過多症，導致骨骼變形等症狀。

少量食用也會危害健康的食物

以下是具有毒性，就算少量食用也會危害貓咪性命的食物。

● **洋蔥類（包括青蔥、韭菜以及大蒜）**：洋蔥類當中所含的硫代亞硫酸鹽（Thiosulfinate）會讓貓咪產生溶血性貧血，進而導致紅血球極速氧化，引發氧化溶血作用而產生血尿。這種物質引發的毒性對貓咪所造成的影響比狗還要

強烈，加熱也無法破壞，就算是烹調好的湯品、奶油燉菜、牛肉蓋飯與咖哩飯等，照樣會對貓咪造成危險。光是半顆洋蔥的分量就足以危害到貓咪的性命。

● **鮑魚・蠑螺**：古時流傳「貓咪初春吃鮑魚會掉耳朵」，這是因為生鮑魚與蠑螺的內臟裡含有一種毒素（春季毒性格外強烈），貓咪一旦食用，可能會導致耳廓壞死。

● **巧克力**：巧克力當中所含有的可可鹼（Theobromine）會刺激貓咪的中樞神經，導致心跳加速、走路蹣跚不穩，只要吃下1片巧克力，就足以對貓咪造成威脅。若是不慎吃下，通常幾個小時過後就會出現症狀，並且延續數天。

● **其他**：常見的食材當中，生豬肉、生蛋、雞骨、胡椒與咖哩之類的香辛料、酪梨、葡萄、酒精類及百合科植物（不管是根部還是花朵都很危險），對貓咪來說都是有毒的。

貓咪的身體真正渴望的食物

儘管吃了貓食，感到飽足滿意，但貓咪只要一看到可以成為糧食的昆蟲、小動物或是爬蟲類，還是會基於本能而開始捕捉。這樣的舉動或許說明了「親自捕捉的獵物身上的蛋白質，才是貓咪真正渴望的東西」。

在市面上可以買到各式各樣品質優

良的寵物食品，而且在貓咪平均壽命也拉長的現今，應該不會有人為了貓咪的飲食苦惱不已。可是一想到「真正如貓咪所願，而且是吃得開心的健康食物」時，亟待努力的地方其實還有很多。

零食與正餐的配料如果能使用天然的食材親手製作，或是準備一些貓咪愛吃、但不是人類食用，而且鹽分含量較少的貓用小魚乾、柴魚片與起司等食物的話，就可以讓貓咪吃得更安心了。雖然貓咪也喜歡吃鮪魚與鰹魚等新鮮的紅肉魚，不過如果能跳脫「貓咪愛吃魚」這個刻板印象，偶爾給牠們吃一些水煮雞胸肉、牛絞肉或是火雞肉絲，相信貓咪一定會吃得更開心。

吃得開心，讓身體活力洋溢

與其老是選擇同一個品牌的同一種寵物食品，不如讓貓咪多嘗試一些不同口味的貓食，刺激食慾，這樣說不定就能夠讓貓咪感受到天生那份對「吃的喜悅」。

只要非慣性且充滿本能的食慾一旦覺醒的話，相信牠們的身體也會愈來愈有活力。

因為在這種情況下，牠們的腸胃蠕動會更活絡，體內環境也得到整頓，讓消化、吸收、分解與代謝步上正軌。

只要平常讓貓咪過著沒有壓力、吃得開心的生活，就能營造一個完善的體內環境，進而讓寶貝貓咪更加健康。

真正想吃的東西

就算早晚都有餵牠們吃飯，貓咪對於狩獵與飲食的本能還是存在的。
跑到家裡的昆蟲與壁虎，說不定才是貓咪的身體在本能驅使下所渴望的東西。

食慾大開的貓咪

這個是「特別大餐」的香味,沒錯吧?

多喝一點,免疫力UP!

貓草可以當作整腸藥喔。

More pleasure to eat.

隔壁的飯看起來好好吃喔。

吃飽飽時舔舔嘴巴。

這是我最喜歡的零食喔。

最愛吃的乾飼料要「挖出來吃」喔。

飼主是無法招架如此熱切的視線的。

這個打不破的東西是要怎樣⋯⋯。

吃相難看請見諒

生活篇

PART 1

飲食照顧

奇怪吃法與貓碗的關係

貓咪是一種非常敏感的生物，一旦對貓碗感到不滿意，有時甚至會因此而不想吃。所以在為如此任性的貓咪挑選貓碗時，要注意以下幾點：
①吃飯時鬍子不太會碰到貓碗（鬍子一直碰到碗的話會讓貓咪感到不耐煩）。
②碗底穩定，不會搖晃。
③不管是濕食還是乾飼料，都非常容易整個吃光（碗底如果是波浪型的凹凸狀會比較容易舔食）。

另外，每隻貓對於貓碗的材質以及距離地板的高度各有所好，不妨多方嘗試。如果寶貝貓咪吃東西的樣子有點奇怪，原因有可能出在貓碗。接下來就舉幾個貓咪常見的奇特吃法。

挖出來吃

特地用前腳將貓碗裡的食物挖出來放在地上吃。有時甚至是一次挖2～3粒乾飼料出來吃。有可能是因為對貓碗的形狀感到不滿意。

整個吞下去

食物完全不嚼，整個吞下去。對貓來說，這種吃法其實非常普通，牠們在吃東西的時候並不會細品細嚼，而且牙齒只是用來把食物撕開或是咬碎，以便吞嚥。尖銳的臼齒也無法將食物磨碎。

只喝湯，不吃肉

在吃有魚肉等配料的湯狀貓食時只把湯舔光，魚肉則完全不吃。若是置之不理，變乾的湯料會整個黏在貓碗裡。

貓咪的各種奇特吃法

叼出來吃

將貓碗裡的食物叼到喜歡的地方吃。像是久久才吃一次的生魚片或是燙熟的鰹魚塊，貓咪最容易出現這樣的舉動。

剩下一點點

所謂的「貓咪剩飯」，就是在碗裡只留下一口飯。貓咪這麼做並不是想要晚一點再吃，有可能只是單純不想讓碗空著。但剩下的如果是小魚乾之類的魚頭，主要是因為這個部分的味道太苦。

幼貓該如何餵食呢？

愛貓的人有時會抱回出生後約2個月大的小貓，甚至是剛出生的幼貓，接下來就讓我們瞭解一下與幼貓飲食有關的一些基本知識吧。

●**剛出生～3週大**：母貓如果就在身旁的話，出生後要立刻讓幼貓喝初乳，這樣才能加強牠們生存所需的免疫力。母貓如果不在身旁，就將寵物牛奶加熱至接近體溫的溫度，再用滴管或寵物奶瓶餵幼貓。次數方面，每小時餵食一次，或是更頻繁，而且寵物牛奶要現泡現餵。

只有這個時期
可以代替貓媽媽喔！

但是千萬不要因為沒有寵物牛奶就用一般的牛奶餵貓咪，因為牠們無法消化牛奶裡所含的乳糖，餵食的話不僅會營養不良，還會容易引起腹瀉。排泄方面，要用面紙擦拭陰部，協助排泄。差不多到了3週大時，貓咪就會開始長牙。

用面紙幫幼貓擦拭陰部，
可以讓排泄更順暢。

●**出生後4～5週大**：要餵食高脂肪、高蛋白的寵物牛奶。貓咪差不多到了5週大就可以自己喝貓碗裡的牛奶了，這個時候除了寵物牛奶，還要另外加上副食品（幼貓貓食）。

●**出生後6～8週大**：一邊慢慢減少寵物牛奶的量，一邊增加幼貓貓食（乾飼料與濕食都要）與水的分量。以1～2週的時間為過渡期，讓貓咪適應沒有寵物牛奶的飲食內容。等到了6～8週大時，便可完全斷奶。

●**出生後2～3個月大**：這個時期的貓咪食慾非常旺盛，不過牠們的胃還小，一下子吃不了太多東西，因此每天要餵食3～5次營養成分較高的幼貓貓食。1天的用餐量以包裝上記載的分量為準，之後再慢慢轉換為成貓專用的貓食。不過在滿1歲以前，持續餵食幼貓貓食其實也無妨。

生活篇

PART
2

瞭解貓咪的 一舉一動

一旦與貓咪一起生活，就會慢慢發現貓咪其實也有情緒變化，
牠們平常的一舉一動，往往會隨著心情不同而出現微妙的變化。
如果你肯接受「貓咪其實也有想法」這個說法，
說不定你會發現貓咪真的是一種心靈純潔又細膩的動物。
儘管猜心不容易，但我們還是可以從一些小動作或行為
掌握貓咪的情緒，並且適時給予照顧，
如此一來就能讓貓咪過得更幸福、更健康了。

心靈照顧

當貓咪感覺到壓力時

　　貓是一種對環境的適應力強、非常能夠忍耐的動物。就算所處的環境距離理想十分遙遠，也不會直接對飼主發洩心中不滿。但是，如果沒有讓牠們生活在可以保留原有習性、無拘無束的環境時，貓咪一定會覺得壓力很大。

　　承受壓力的時候，牠們的行為舉止會出現微妙的變化，並且表現於外。壓力若是有增無減，牠們的身體就會出現異狀，甚至生病，因此飼主平時一定要多加觀察貓咪，趁早發現貓咪所發出的訊息。

互動時以貓咪為優先

　　貓咪喜歡依偎著人，感受人身上的溫暖。

　　雖然狗也是一樣，但是在狗的心目中，飼主是主人，也是飼養者，因此要聽從指令。然而相對地，貓並不是以主從關係或是上下關係來對待人，而是以「貓同伴」的方式與人相處。因此對貓來說，飼主有時是母親，有時是手足，有時甚至是朋友或戀人。

　　與貓咪互動時，貓咪時常仍我行我素，因此在玩耍或是親密接觸時，一定要以貓咪的心情為優先考量，可別只在乎人類的感受喔。

喜歡肌膚接觸

親密接觸，進行心靈溝通

貓咪是一種喜歡與人親密接觸的動物。因為在讓人撫摸或是擁抱的同時，牠們也會感受到對方的體溫與氣味，如此一來對共同生活的飼主感情就會更加深厚。可見貓與人是藉由親密接觸的方式來進行心靈溝通。

貓咪「喜歡讓人撫摸」，是因為心裡還保留著幼貓時期母貓一邊用溫暖的舌頭輕舔與按摩，一邊讓自己安心入睡的甜蜜回憶。這段記憶不會因為成長而消失，所以當人用手輕撫或替貓咪梳毛時，牠們的心情就會因而平靜下來。

撒嬌暗示接受

親密接觸不僅是表現愛情時一個非常重要的溝通手段，平常在檢查貓咪的健康狀態時也是一項十分重要的手法。不過，貓咪並非隨時都喜歡讓人撫摸或擁抱，牠們也有不想讓人觸摸的時候，有時甚至會希望能安靜獨處。在這種情況下人類若是任意撫摸牠們，反而會對貓咪造成壓力。請一定要記住，當貓咪希望親密接觸，或是願意讓人撫摸時，通常會做出一些「撒嬌動作」，釋放出訊息。

各種「撒嬌動作」

盤坐在膝
坐在人的膝蓋上。

不斷磨蹭
用臉或是身體的一部分，不停地在人的身上磨蹭。

搓揉踩踏
用前腳輪流搓揉、按壓人的身體。

纏著人喵喵叫
尾巴豎起，一邊拉長尾音喵喵叫，一邊走過來。

貓咪也感受得到人類的幸福

　　為什麼親密接觸可以療癒心靈呢？因為這樣的舉動不僅可以讓貓咪沉浸在安心感之中，使心情更加舒適，就連飼主也會因為看到貓咪放鬆的模樣而得到療癒，讓彼此的心靈充滿幸福的感覺。

　　也就是說，在撫摸與讓人撫摸的這段接觸過程中，「貓咪與人都會感到幸福」，這正是親密接觸最大的功效。

　　共同生活的人類身心狀態如何，貓咪其實是非常敏感的。當飼主心情不好或充滿攻擊性時，貓咪是不會靠近的。相反地，飼主若是心情愉悅，或是與家人談笑風生時，一回神就會發現貓咪已經靜靜坐在身旁了。

　　貓咪並不希望有人在自己的空間領域散發出不悅的情緒。因此只要共同生活的人類能夠保持平和愉悅的心情，讓自己的空間領域隨時保持和煦的氣氛，如此貓咪一定也會保持穩定的情緒。

刺激感覺舒適的地方

　　想要透過肌膚接觸為貓咪帶來幸福感，勢必要找到貓咪喜歡的地方，適當地給予刺激。一般來說，可以讓貓咪感到舒適的部位有下顎、脖子周圍、耳後與額頭等等。有一些貓咪還喜歡讓人撫摸肉球，或是輕拍靠近尾巴根部的後腰部位。

　　至於撫摸方式，每隻貓各有所好，因此不要老是一成不變，要記得稍作變化，多方嘗試。

　　另外，按摩與指壓也可以當作親密接觸的延伸。以下這幾種是基本的貓咪按摩方式。

按摩的基本手勢

撫摸

利用手掌（或是手指像梳子般立起）順著貓毛或是骨骼輕輕地撫摸。

搓揉

用拇指與食指搓揉，或是不停將皮膚「捏起又放鬆」。

畫圓按摩

將食指與中指併攏，輕輕壓在貓咪身上，並以畫「の」的方式撫摸。

抓捏

用手抓住貓咪背部的皮膚，拉起後鬆手（注意力道）。在舒展皮膚的過程中，還可以刺激穴道。

參考：《決定版 うちの猫の長生き大事典》（石野孝監修／Gakken）

輕聲細語也是愛

從若無其事的喊叫聲開始

你是否常常對家裡的寶貝貓咪出聲說話呢？

就算長年與貓咪生活，有的人幾乎不和貓咪說話，有的人則是把貓咪當作家人，時常和牠們說話。不會想和貓咪說話的人，理由通常是「反正牠們又不會回話」，不然就是「跟語言不通的對象說話有什麼意思」、「感覺好像在自言自語，很丟臉」等等。

這麼說確實也沒錯，但是既然希望寶貝貓咪過得健康長壽，那麼就要遵守「貓咪居家也瘋狂」這7個約定當中的「跟貓咪說話傳遞心意」。

這麼說並不是要大家用貓語和貓咪聊天，其實只要隨口跟貓說一聲「早安」、「今天好嗎？」、「吃飽了嗎？」就好了。

跟貓咪說話，給予安心感

出聲和貓咪說話，其實是一種傳達「我一直都很在乎你」、「我很喜歡你喔」的訊息。最首要的事就是要讓貓咪感到安心。

就算貓咪聽不懂，心意照樣能夠傳遞。因為我們要傳達的並不是意思，而是「心情」。這種情況就好像母親對著還聽不懂語言的嬰兒說話是一樣的。

平常只要多呼喚貓咪或是對牠說說話，和貓咪「心靈相通」或是「心領神會」的那一刻一定會到來。

就算是從未有所回應的貓咪，說不定只要一聽到飼主道「早安～」，就會回應一聲「喵～」；一聽到「讓你獨自看家看到那麼晚，應該很寂寞吧」這句話時，說不定也會好像回話般地發出「喵～」的聲音。

不管是人還是動物，都不會對自己毫不在意的對象出聲說話的。而對貓咪說話，是讓貓咪覺得自己有人呵護、有人喜愛，並讓牠們感到安心最簡單的方法，與親密接觸可說是溝通互動的兩大支柱，而且不需要任何工具，也不需要花太多時間，馬上就能做到。請大家一定要試看看。

輕聲細語

對貓咪說話時要注意聲調。雖然沒有人會用特別大的聲音或是怒吼的方式說話，不過基本上對貓咪說話的時候要輕聲細語。這跟對嬰兒說話時的情況是一樣的。

一般來說，貓咪對於「女性較高的聲調」比較有反應。不過要特別注意的是，男性低沉的中音與沙啞的聲音。

大家是否曾經聽過貓咪吵架時發出

就算語言不通，「心意」照樣能夠傳遞。

「嗚嗚嗚～」的低沉吼聲呢？基本上所有動物都一樣，低沉吼聲表達的是「恐懼、生氣、不悅」等負面情緒；但如果發出的是響亮的聲音，表達的則是「興奮、喜悅」等正面情緒。

由此我們可以得知，部分男性的低沉聲音是會讓貓咪反感的音域，甚至還會讓貓咪對其所發出的聲音產生警戒。話雖如此，就算聲音低沉，只要口氣平穩溫和，那就沒有問題了。

大聲找媽媽或找人

有一份以貓咪的叫聲與吼聲頻率為主題的調查報告內容指出，貓咪在對人類發出喵～的叫聲時，頻率數值最高（高音）。

不過貓咪與同伴溝通時並不會發出高頻的叫聲，而是在對人類有所要求或是打招呼時才會發出這樣的聲音。這種聲音與幼貓在找母親或是尋乳時所發出的聲音非常接近，可以算是表達出撒嬌或親愛之情的叫聲。

貓咪聲音的頻率

對人喵喵叫時	700～800Hz
嚎叫時（攻擊或發情時）	200～600Hz
齜牙咧嘴時（威嚇）	225～250Hz
吼叫時（攻擊）	100～225Hz

※出處：德國獸醫Dr. Talisman的資料

2個月大是關鍵

社會化不足會影響身心發展

在思考貓咪心靈照顧這方面的問題時，有一點非常重要，那就是：牠們是如何度過幼貓時期的。

之所以會說「要抱幼貓回來的話，最起碼要讓母貓養到2個月大才行」，是因為幼貓在12週大之前正處於「社會化時期」，這個階段與手足一起生活對於身心健全發展有極大的幫助。

所謂「社會化」，指的是與父母或是手足一起透過各種經驗，學習社會性以及對環境的適應力。幼貓出生後到2個月大這段期間（3～7週這段時期特別重要），如果能夠多接受一些刺激與經驗，學習貓的生活方式，就能充分發揮出與生俱來的習性以及能力。

2個月大決定情緒傾向

從出生後一直到2～3個月大這段期間，一邊與手足以及周遭的人類相處，一邊生活長大的貓咪通常都相當活潑愛玩，個性友善且非常親人，與其他貓咪也能夠融洽相處。

另一方面，出生後就立刻與母貓分離，或是獨自在狹窄的貓籠裡成長，社會化經驗又不是很豐富的貓咪在與人類共同生活時，往往會讓人操心又勞神。

像是總是戰戰兢兢無法安心、警戒心強、對於人類與其他貓咪格外具攻擊性、記不住廁所在哪裡、一直躲著不出來等等。這樣的貓咪往往難以親近人，共同生活會是一件非常辛苦的事。

幼貓如果能夠與母親、手足，或是飼主以及其家人多多接觸的話，就可以培養出健全的社會性。

母貓在幼貓出生後至2~3個月大這段期間是重要的教育者。
幼貓若是太早斷奶或是離開母貓的話，恐怕會留下不好的影響。

社會化不足會引發問題行為

　　人工餵養長大或是斷奶時間較早，無法向手足撒嬌的貓咪會一直跟照顧牠的飼主撒嬌。

　　倘若貓咪在社會化的這段期間，幾乎沒有與飼主以外的人類或是其他貓接觸的話，在面對飼主以外的人時就會出現警戒心，有時反應會非常極端，甚至不讓對方碰自己。

　　一旦看不見飼主的蹤影就會一直叫不停，甚至開始出現破壞東西之類的問題行為。這種情況稱為「分離焦慮」，這原本是常見於狗的症狀，但是最近出現在貓咪身上的情況反而有愈來愈多的趨勢。

遵守「8週齡限制」的規則

　　日本《動物保護法》規定「出生後未滿56天的貓狗禁止販賣展示」，這就是「8週齡限制」。

　　這是考量到社會化時期的重要性，因而制定了這條限制業者的法律，也就是「在販賣幼貓或幼犬時，必須盡量讓牠們經過社會化這個階段」。儘管如此，依舊有不少業者漠視這條規定，可見日本還是需要一條比照歐美、更為嚴格的法律才行。

很安心，對不對？

這個籃子擠歸擠，卻可以讓人放鬆心情呢。

工作還順利嗎？

呼，好令人安心喔。

You are relaxing, aren't you?

不小心踩上去系列。

好無聊喔，快來陪我玩！

啊～，好舒服。

那個，一起玩躲貓貓吧。

我等等會嚇你喔。

一起睡比較安心喔。

讓人煩惱又困擾的舉動

飼主也要輔助貓咪成長

出生後到2～3個月大這段期間，是貓咪個性形成的重要時期。貓咪在這段期間一旦承受過大的壓力，或是社會化經驗不足，進入成貓階段後就會出現讓飼主感到頭疼，甚至困擾不已的問題行為。

不過，與貓咪相遇的機緣何時會出現，這其實是很難說的。

如果是愛貓的人，有時可能會抱回還不到2個月大的幼貓，甚至是主動照顧起剛出生的幼貓。

照理說，我們應該也會認養已經長大的成貓，或是過去曾在不當的飼養環境中成長、行為有所偏差的貓咪。並不是所有的貓都非常友善親人，而要讓這些貓立刻進入安穩規律的生活，坦白說並不容易。

但不管是什麼樣的飼養環境，身為飼主的首要任務就是要做到先前所述的「互動」與「對話」，也就是多和貓咪溝通，如果抱回來的是幼貓，那就要代替牠的手足，認真地陪牠玩耍，多投注一些愛在貓咪身上。

換句話說，身為飼主最重要的，就是要盡量幫助貓咪穩定情緒，輔助牠們成長。

在對「問題行為」感到困擾之前

就算是對寶貝貓咪的所作所為萬般容忍的飼主，在遇到貓咪做出讓人困擾的問題行為時，坦白說，心裡面應該也是「不希望牠們這個樣子」。隨地大小便、亂咬東西、吃毛毯，讓人頭痛的問題行為雖然有很多種，但是探究其因會發現，共同點不外乎是：貓咪承受了某些壓力。壓力來源除了是飼養環境的問題、玩得不夠多、欲求不滿、缺乏社會化之外，有時原因是出在飼主對於貓咪的習性瞭解得不夠深，或是採取立刻斥責等錯誤的方式來應對。

所以在對問題行為感到困擾之前，要記得多看看「貓咪居家也瘋狂」（18頁）中提到的7個約定，並且重新檢視飼養環境以及對待貓咪的方式，這一點非常重要。

真是糟糕……問題行為的應對方法

接下來讓我們舉出幾個實例來說明。
這些舉動都是會不斷重複的固執行為，
造成的原因包羅萬象，有時是要求某個東西，有時是想得到安心，有時是在尋求刺激。
另外，隨著貓咪的個性與飼養環境不同，應對方式也要跟著改變，
而不是只要這麼做，萬事就會迎刃而解。

不當的排泄行為

在廁所以外的地方撒尿、排便的行為。不少時候是發生在飼主的床上。通常是因為對貓廁所有所不滿（不衛生、貓便盆太小、無法靜心上廁所、家裡的貓太多使得貓廁所不夠用），或是壓力引起不安，泌尿系統與消化器官不適，偶爾是為了引起飼主注意的要求行為。

【應對方法】改善貓廁所環境（保持清潔、選擇較大的貓便盆、提升貓砂品質、將貓廁所擺在安靜的地方、貓便盆的數量是飼養的貓咪數＋1）。貓咪大小便的地方要立刻清掃乾淨，噴灑酒精除臭。衣服與布製品若是沾上味道，就要立刻清洗或是丟棄。多陪貓咪玩耍、聊天說話。若覺得貓咪身體不適，就要帶去就醫。

攻擊行為

對人或其他貓咪做出威嚇攻擊（啃咬或撲抓）的行為。通常是因為過度保護自己、飼養多隻貓咪等環境所造成的壓力，或是運動不足所累積的壓力。有時則是因為飼主平時的斥責與怒吼聲。

【應對方法】幫寶貝貓咪準備一個可以藏身的地方。家裡如果有合不來的貓就將牠們隔離開來。盡量態度溫和，並且有耐心地對待貓咪，不要斥責或是怒吼。如果貓咪出現攻擊行為就漠視，等牠冷靜下來再給牠點心吃，或是陪牠一起玩，讓牠開心。

要求行為

叫個不停，不斷地向飼主撒嬌。除了欲求不滿或感到無聊之外，有時是因為飼主的應對方式（例如一一回應）有問題。

【應對方法】無視於貓咪的要求，不做任何反應，也不斥責。訂出一段時間，之後再陪貓咪玩耍，讓牠開心。

不安行為

遇到飼主以外的人或其他貓咪會極度畏懼。飼主一不在就會叫個不停，或是破壞物品（分離焦慮）。會不斷舔舐身體某個部位，導致舔性皮膚炎。這種情況大多見於成長時期沒有充分體驗社會化的貓咪身上。另外，搬家等環境劇烈變化時也會出現這種情況。

【應對方法】為貓咪準備一個可以安心躲藏的地方，盡量多陪牠玩耍，減輕牠的壓力。避免斥責，說話要輕聲細語。

啃咬布類行為

喜歡啃咬沙發、毛毯或毛衣等布料，咬破時甚至會吃下肚（羊毛吸吮）。這種行為經常出現在社會化時期過得不健全的幼貓身上。而吸吮毛毯或是人的耳垂、嘴唇、手指等情況，大多出現在過早斷奶的貓咪身上。

【應對方法】增加狩獵等遊戲時間，以消耗貓咪的體力。貓咪愛咬的衣服或是布製品盡量放在隱密的地方。也可以在上面噴灑貓咪討厭的味道。

注意：為了留下記號而噴尿，或是在沙發、牆壁上磨爪的行為是貓咪的天性，必須與「問題行為」有所區別，千萬不可因為人類覺得不妥而將其視為問題行為。

訓練貓咪，加深感情

心靈照顧最重要的一點就是增加人貓共處的時間，加深感情。
一起參與活動，共享樂趣，如此一來貓咪的壓力就會減輕，
運動不足的情況也能得到改善，同時心就會更加靠近。

貓咪訓練〈1〉
咚咚跳

在不同的地方讓貓咪練習聽從指令，跳到指定的地點。

①當貓咪準備要跳上去時，用手掌咚咚地輕拍著地點，指示貓咪。

②跳上去以後要記得獎勵貓咪，給牠少許愛吃的零食。從「很棒喔」、「做到了耶」等稱讚字眼中擇一，並且立刻給予零食。

貓咪訓練〈2〉
慵懶放鬆的貓瑜伽

與貓咪一起做，讓身心煥然一新吧！

①鋪上瑜伽墊，做好準備。當貓咪靠近時，就可以慢慢開始做瑜伽。

②與貓咪一起做出各種不同的瑜伽動作，例如臥躺或屈伸動作。

貓咪的表裡

—「貓咪心理學」—

日文有一句與貓咪有關的慣用語,「猫を被る」,意指隱藏自己真正的個性與脾氣,在人前故作乖巧。日本自古以來,人與貓就已經開始共同生活,因而誕生了不少與貓有關的慣用語。而這句慣用語,正好一針見血地描述了貓明明是凶狠的獵人,卻鮮少露出本性。字眼或許稍微帶有負面含義,卻也可以用來形容人心的兩面性。

瑞士知名精神病學家榮格(Carl Gustav Jung)所提出的「人格面具(Persona)與靈魂(Seele)論」,其實就是日文中所說的「表與裡」。表是「表面」,裡是「內心」。所謂表,指的是在社會上表露於外的那一面,於表能做的事,通常會符合現實情況。至於裡,指的是隱藏於心的事。也就是說表與裡,亦即真心話與場面話是同時存在的。就算內心感到極度不滿,表面依舊聞風不動,可是一旦表露於外就會造成問題行為。因此在引發問題之前,要將心中累積的不滿一點一點地釋放出來,像是找願意傾聽心聲的朋友聊一聊,或是去旅行、購物以紓解壓力。

貓咪也是會有壓力的,但是在飼主面前並不會做出問題行為。貓咪會乖乖地上廁所,而且不會亂抓家具。這是適應現實社會的「表」。當然也會有「裡」,而且不吐不快,但是在這種情況之下,有時反而會被人類視為是問題行為。

當貓不再「故作乖巧」,露出真面目時,飼主一定要察覺貓咪出現這種舉動的背後因素(例如欲求不滿等)。將來aibo之類的機械寵物若是普及開來,屆時說不定就會失去看穿貓咪「故作乖巧」的樂趣了。

玩耍的
時間夠嗎

吃飯、梳整毛髮、在家中巡視……。

貓咪一整天的活動行程幾乎都是固定的，除此之外不是睡覺，

就是在家裡滾來滾去，心情好的話就稍微玩一下。

如此稀鬆平常的模樣，飼主看了雖然感到心滿意足，但還是會忍不住

擔心這樣的日子會不會讓貓咪感到枯燥乏味？會不會缺乏運動？

那麼，貓咪到底喜歡什麼樣的遊戲？又需要多少運動量呢？

不可或缺的遊戲與運動

不知不覺累積壓力

　　貓咪的一舉一動往往隨心所欲，我行我素，根本就不會考慮到一同居住的人類所處的情況，整天只做自己想做的事。這種看起來恣意妄為的舉動不僅是貓科動物特有的習性，同時也包含了牠們當天的心情。可見貓之所以會這樣，其實是有理可循的。

　　然而有些貓卻因為居住的環境或與飼主之間的關係影響，而失去了想做什麼就做什麼的自由。無論是玩耍還是運動，倘若連互動也不足的話，貓咪心中的不滿就會日益高漲，壓力也會愈來愈大，到最後不僅是肥胖，甚至還會造成生活習慣病。

玩耍之所以如此重要的理由

　　就算是老是在家打瞌睡的貓咪，一到了野外也會成為狩獵名人。只要一看到獵物，瞬間就會發揮出色的爆發力，一口氣撲向獵物，展現狩獵好手的看家本領。

　　無奈的是，一旦與人類共同生活，而且活動範圍只有室內的話，貓咪便會失去發揮狩獵本領的機會。此時飼主務必要偶爾陪貓咪一起玩「狩獵遊戲」。模擬狩獵時的緊張感以刺激貓咪狩獵本能的遊戲，不僅可以解決運動不足的問題並紓解壓力，同時還能讓貓咪感到興奮，進而得到成就感，這一點對於貓咪的心理健康來說可是相當有益的。

東西在動，
先追再說

追趕動物性蛋白質！

成貓平時十分乖巧，往往不太動。可是一旦看到有東西在動，反應就會變得非常靈敏，甚至會以迅雷不及掩耳的速度採取行動，讓人驚覺「原來牠這麼有活力呀!?」。

看到有蟲子飛過來就會跑去抓、看到有東西在視線範圍內移動就會衝過去追，不管是飄來飄去的東西，還是發出窸窣聲的東西，通通都會讓貓咪變得非常敏感。有些貓咪甚至只要看到飼主拿出逗貓棒這個玩具就會飛撲過來。

對貓而言，「會動的東西＝動物性蛋白質＝糧食」的念頭會發自本能地從腦海閃過，所以牠們才會基於反射動作追過去。就算知道「這個東西是不能吃的」，但是「看到會動的東西就要追」的本能已經啟動，此時懸崖勒馬，為時已晚，就只能追到自己甘願為止。

所有玩耍都是在練習狩獵

幼貓與小貓通常會玩得比較活潑激烈。尤其是出生後到3個月大這段期間的幼貓，除了睡覺之外，其他時間幾乎都在玩。

在與手足不停打鬧時，貓拳與貓腳會連環攻擊；咬著母貓的腳或尾巴時，力道若是過猛就會被母貓哈氣威嚇。也就是說在玩耍的過程當中，幼貓與小貓會學習到攻擊的效果以及力道的拿捏。對牠們來說，玩耍還兼具狩獵的每一項訓練。

瞄準目標、飛撲而去、捕捉獵物、咬著不放，如果不好好學習這些必修的狩獵技術，在野外絕對無法離開父母獨立生活。而在這個時期也要好好記住與外敵打鬥的基本技巧。

可見在2～3個月大以前的這段社會化時期，與手足一起度過的意義是十分深遠的。

無意的貓拳也是出自本能？

1～2歲大的小貓，狩獵本能也相當旺盛，一看到有東西在動就會失控，連追趕的動作也充滿活力，因此身為玩伴的人類也要具備相當的體力才行。或許是不經意想要展露狩獵技巧的緣故，有時看似要擦肩而過，卻突然賞你一記貓拳，不然就是當人在睡覺的時候，便突然往你的肚子猛力一跳，讓你驚醒。一旦天色開始變黑，許多小貓就會開始舉辦「夜間運動會」。

不過牠們的活潑是本能，同時也是身心健全的證據。所以不管是無意揮來的貓拳、往你的肚子一蹬，還是舉辦運動會，大家都要寬容地接受這些舉動。

要追了喔～就算你跑到天涯海角也不放過！

等等出事我可不管你喔！

運動不足，
麻煩多多

缺乏運動會導致肥胖

　　室內飼養成為主流之後，家貓就開始出現肥胖這個問題。生活在野生世界裡的動物是不會出現肥胖這種情況的，因此我們可以說，肥胖正好說明了飼養貓咪的環境有多不自然（幾乎接近人類的生活）。

　　導致肥胖的兩大因素是運動不足與飲食過量，而容易缺乏運動的條件大致有以下這幾項。

- **完全飼養在室內**
- **只有養一隻貓**
- **飼主每天陪貓咪玩耍的時間不到10分鐘**
- **貓咪不常往高處爬**
- **沒有空間讓貓咪在室內跑**

有時會和在陽台抓到的蟬玩耍……。

- **對蟲還有鳥不感興趣**
- **不會眺望窗外風景　等等**

　　飼養在室內的貓咪往往因為家裡沒有人，獨自看家的時間非常長，在這種情況之下，牠們幾乎都是睡一整天，只會悶得發慌。但是如果飼養多隻貓咪的話，因為家裡有玩伴，牠們偶爾會相互嬉戲或追趕，在這種情況之下，體力是可以得到消耗的。

每天要撥些時間陪貓咪玩

　　問題在於飼主陪伴貓咪玩耍的時間太少。貓咪很少自己運動，需要有人當牠的玩伴，一同玩耍才行。就算每天只能撥出短短的時間也沒關係，但是務必要讓玩耍成為習慣，繼續維持下去。

　　可以先將搭配玩具的狩獵遊戲（詳情後述）當作基本的遊戲，至於理想的遊戲時間，成貓（2歲～10歲）的話，短毛貓1天15～20分鐘，長毛貓1天10～15分鐘左右。

　　如果是未滿2歲的小貓，就各增加5分鐘。不過陪貓咪玩耍的時候，時間未必要連續，當作一整天的玩樂時間來進行就可以了。更何況小貓每次都會玩到體力耗盡，因此分成數次進行會比較適合。

看看這個姿勢！
貓咪的柔軟度與跳躍力可是不同凡響呢！

抓到了！
最喜歡跟飼主玩耍了！

貓種不同，玩耍時間也不一樣

短毛貓與長毛貓的玩耍時間之所以不同，在於貓咪的體力與運動能力會因品種不同而有所差異。一般來說，活動範圍原本就相當廣泛的短毛貓比較有充足的體力玩耍，至於長毛貓的體力則是稍弱。

在短毛貓當中，個性較為活潑的有美國短毛貓、英國短毛貓、暹羅貓、日本貓、阿比西尼亞貓、索馬利貓、曼赤肯貓、埃及貓，以及孟加拉貓等等。

在長毛貓當中，緬因貓也相當喜愛玩耍。其他像長毛的波斯貓、喜馬拉雅貓、蘇格蘭摺耳貓與布偶貓等等，在短時間內可以盡情玩耍，但是無法持久。雖然只玩5分鐘，卻往往因為疲倦而休息，所以當貓咪在玩耍時，要記得隨時觀察貓咪的狀況，同時為牠選擇適合的遊戲。

壓力與年齡增長也會導致運動不足

明明還沒有步入老年期，卻無法跳到高處，也不會想要暴衝，對昆蟲與小鳥更是完全不感興趣，也就是失去貓咪原有樂趣的話，第一個原因可能是因為壓力。

當活力充沛的貓咪新成員或是其他動物（與人）來到家裡時，貓咪有時會覺得自己的空間領域好像被奪走，因而垂頭喪氣。有時家裡重新裝潢或是搬家也是造成壓力的原因之一。

另外，貓咪要是超過10歲，運動機能就會因為年齡增長而慢慢衰弱。不管原因是壓力還是年齡增長，一旦貓咪失去活力，運動量就會減少，如此一來就會導致肌肉無力、關節衰弱。不少貓咪就是因為這樣而運動不足，甚至迅速變胖。

認真地
跟我一起玩嘛

為了滿足本能而需要玩耍

為什麼貓需要透過遊戲來運動呢？其中一個原因是為了預防貓咪在任食制的環境下變得肥胖。另外一個原因，則是避免單調的生活讓貓咪感到無聊。不過最重要的一點，其實是為了「滿足貓咪的狩獵本能」。

找到獵物，襲擊捕食。在野外生活時，這個狩獵活動正是讓貓咪生存下去的基本，就算變成飲食、安全都得到保障的家貓，這項本能依舊不變。

貓之所以一直睡，其實是為了儲存用來狩獵的精力，盡量避免精力消耗，以便保存體力。然而沒有狩獵機會的生活環境，讓貓失去了消耗精力的機會，在體力無處發洩的情況下，心情只會愈來愈鬱悶。如果是小貓的話，這種情況會更加嚴重。

因此想要讓貓咪紓解壓力，維持健全的身心狀況，就不能缺少讓牠興奮開心、活動全身的遊戲。

既然是玩耍就要認真玩到底

只飼養一隻幼貓時，經常與飼主一起玩耍這件事就顯得非常重要了。

幼貓在2～3個月大以前，總之就是一直暴衝個不停，完全靜不下來。就算看起來好像在玩，幼貓依舊是一臉認真。雖然害怕，但是看到東西在動照樣會飛撲而去，用身體記住揮貓拳與踢貓腳的方法，以及死咬著不放等反應。

那些天真無邪的玩耍全都是學習，所以飼主絕對不可以抱著「隨便陪牠們玩一下」的心態而敷衍帶過。幼貓其實很渴望被愛，也很想在認真遊戲中得到刺激。身為飼主一定要明白這一點，並且帶著誠意陪牠們玩到底。

另外，幼貓時期人若是用手腳戲弄貓咪的話，會讓牠們記住手腳是攻擊對象，因此玩耍時最好是多多善用玩具。

慎選玩具材質

貓咪到了3個月大時就會開始發揮狩獵本能，只要一看到會動的玩具或繩子就會當作獵物，練習捕捉，也就是開始模擬狩獵。

除非睡意來襲，否則幼貓會一直玩下去！

玩具也可以DIY

模仿打地鼠遊戲台，用瓦楞紙箱製作「敲貓咪」。
利用隨手可得的材料自己動手做玩具也樂趣無窮。

在這種情形之下，牠們會愈玩愈認真。畢竟貓在本能上還是喜歡瞄準以及襲擊獵物時的那份興奮感。

市面上的玩具種類琳瑯滿目，不過自己也可以動手做一些簡單的玩具，不妨多方嘗試看看。像是逗貓棒之類的玩具前端就可以準備好幾種不同材質（羽毛、毛皮或人造毛皮、繩子、紙膠帶、會發亮的彩帶等等）的東西，隨時更換（玩壞時要注意，別讓貓咪吞下肚）。

只要發現喜歡的玩具，貓咪就會感到很開心，頓時興奮起來。常常刺激貓咪的野生本能，對牠們的身心健康相當有益。

用這樣的道具讓貓咪玩到嗨

就算是喜歡的玩具，一旦少了刺激感，貓咪就會失去興趣，有時則會因為玩得太開心而把玩具弄壞。因此飼主要隨時準備好幾種玩具，並且偶爾追加新玩具。

遊戲道具方面，以逗貓類玩具（棒子類、附繩類、環圈類）為主。除此之外，用雷射筆或是手電筒照在牆面上讓貓咪追著跑，也是以前就有的基本遊戲項目。

外型像羽毛，只要甩動就會發出聲音的玩具，以及獵物會四處亂跑的電動玩具、裡頭填滿了貓咪喜愛的香草類植物等物品，那些有聲音、會動、有味道可以刺激貓咪的安全玩具，通常都是歷久不衰的熱門玩具。

其實不花一毛錢，利用手邊的材料自己動手做玩具，照樣可以讓貓咪玩得開心喔。

狩獵的雀躍令貓咪無法抗拒

共同體會狩獵帶來的興奮

手拿玩具讓貓咪玩得開心又認真其實是有技巧的。

看在貓咪眼裡，玩具是一種模擬獵物的假餌。重要的是，這個假餌彷彿有生命，而且還會動。

在繩子或是長棒的前端綁上玩具的這類遊戲道具，應用的是釣魚時用的假餌以及羽毛裝飾鉤的技巧，也就是讓貓咪誤以為那是餌而死咬著不放（假餌釣魚）。

除了在地上甩弄外，也要偶爾在空中揮動，模仿獵物中的老鼠、小動物、小鳥、爬蟲類以及昆蟲的動作來引誘貓咪。貓是一種憑著聽覺來察知獵物的動物，因此這時最重要的就是要稍微動一下，發出窸窸窣窣的聲音。

這麼做通常可以讓幼貓或是未滿2歲的小貓玩得不亦樂乎，但如果是成貓或是老貓，甩動的方式若是不夠靈活，往往會讓牠們玩沒兩三下就走開，甚至露出一副「根本就不是那樣玩」的不悅表情。

手拿玩具的人也不要過於吝惜自己的體力，如果不動動腦筋，用心嘗試的話，貓咪是不會認真跟你玩的。

貓咪興奮地專注在狩獵上的時間非常短暫。雖然時間不長，但是如果能夠共有這段興奮又刺激的時光，互動時一定會更親密順利。

適合運動的時間是黎明傍晚

想要讓貓咪積極地投入玩耍之中，最好是配合「貓咪想要運動的時間」來進行。野生貓咪的狩獵活動是在黎明傍晚，也就是清晨與黃昏這2個昏暗的時段會比較活絡。這是為了配合獵物，也就是老鼠之類的小動物開始活動的時間而行動的。

即使是飼養的家貓，只要周圍環境一變暗，有的貓咪就會開始突然到處亂跑、暴衝（所謂的「夜間運動會」亦是如此）。有人說這應該是因為黎明傍晚時分「貓咪身上渴望狩獵的血終於沸騰起來」的關係。

然而實情如何，還是要問貓才會知道。不過天色變暗（或家裡燈光調暗）之後再來找貓咪玩耍的話，平常不怎麼愛玩的貓咪大多都會因此嗨起來，不信的話可以試試看。

相反地，白天吃飽喝足的時候如果找貓咪玩耍的話，除非是血氣方剛的小貓，否則一般來講貓咪是不會理你的。

讓貓咪認真玩耍的技巧

接下來要介紹幾個拿著逗貓玩具陪貓玩耍的技巧。
就讓我們化身為獵物，與貓咪共享這種興奮刺激的感覺吧！
玩到某個程度之後，要記得把獵物（玩具）給貓咪，讓牠們得到「成就感」喔。
不過要注意，壞掉的玩具可別讓牠們吞下肚。

老鼠亂竄
拉繩子的時候，動作和老鼠一樣，以慢速、中速、快速3種速度輪流變換。

生活篇

PART
3
不可或缺的遊戲與運動

青蛙蹦跳
讓逗貓棒和蚱蜢與青蛙一樣，不規則地在地板上跳動。

軟腳鳥
一邊在柱子後方等陰暗處稍微露出獵物，一邊緩緩移動，假裝獵物已經體力耗盡。

躲躲藏藏
模仿爬蟲類或昆蟲在地板上或沙發後方，迅速移動後又靜止不動的樣子，並且重複數次。

燕子飛
在空中以畫8字的方式迅速移動，模仿小鳥或是昆蟲飛翔的動作。

Z字跑
以Z字路線從遠處的地板迅速地移動，模擬獵物慌張逃亡的模樣。

今天要玩什麼？

抓到獵物時會很有滿足感喔。

明天應該是晴天吧？

猜猜我在哪裡？

練習抓老鼠！

我不是故意的。

頂層是不會讓給你的！

這樣當得上名捕手嗎？

先不要跟我說話喔。

這個甩來甩去的東西讓人招架不住。

貓咪老師的解憂諮詢室 1

這是飼主在找麻煩嗎？

煩惱 1

蒼蠅飛進屋裡的時候，我拚死拚活地跳起來抓，但就是抓不到。這時飼主卻說「你好沒有用喔」。我真的是一隻沒有用的貓嗎？

坦白說你只是**練習不夠**而已。
應該是小時候沒有爸爸媽媽可以好好教你的關係。

　　狩獵的基本原則，就是襲擊、捉拿以及啃咬。捕捉獵物的時候會瞬間伸出前腳，收緊腋下，擺好姿勢之後才襲擊。攻擊的瞬間會伸出利爪壓制獵物，張口咬住。

　　而抓不到獵物，有可能是因為你只用指尖來捕捉。如果是這樣的話，那麼不如先回到基本，把玩具當作狩獵對象好好練習。不用管飼主怎麼嘲笑你，只要在家乖乖當一隻貓，這樣就可以了。

煩惱 2

夏天的時候，我明明故意在碗裡留下一些飯，可是還不到30分鐘飼主就來把碗收走。這是在欺負有一點胖的我嗎？

真的是**令人頭疼的飼主**。
不管理由為何，都不可以在貓咪心中留下不開心的回憶。

　　首先要告訴你的是，沒有人會在意你胖不胖。而且你是一隻遵守留下「貓咪剩飯」這種傳統吃法的好貓。貓與狗不一樣，不會一口氣把飯吃光光。因為急著把飯全部吃完的話，反而會消化不良，整個吐出來。

　　不過你的情況，應該是飼主怕濕食在炎炎夏日裡容易腐敗。但如果是乾飼料，其實是不會那麼快就壞掉的。如果想要慢慢享受剩飯，不妨試著拜託飼主「換成乾飼料」吧。

煩惱 3

想要飼主陪我玩，所以我從沙發後面突然撲向他的腳，他卻氣到罵我「你在幹嘛！」為什麼人類都不懂貓咪的愛呢？

愛不是那麼容易就可以懂的。
但是我懂你為什麼會喜歡飼主雙腳的氣味。

　　人類是一種需要事先做好心理準備、非常麻煩的生物。我們不妨換個方式愛他吧。就如同大多數貓咪所做的，先從「留下氣味」開始吧。用臉或頭在飼主的腳上稍微磨蹭一下，暗示他，接著再看準時機撲向他，這樣就沒問題了。不需要悶悶不樂，要有自信。

煩惱 4

我很喜歡在一直震個不停的洗衣機上睡覺，可是飼主卻說「你在幹嘛，下來！」我做錯什麼了嗎？

喜歡震動的洗衣機真是麻煩，罵完後飼主應該也有把立場換過來，假想自己坐在上面的情況吧。

　　貓咪還是幼貓時，聽到母貓的心跳聲就會感到安心，並且在這樣的環境之下度過社會化時期。當幼貓心滿意足地喝完母奶時，便會發出呼嚕呼嚕的聲音讓母貓知道。因此對貓咪來說，有節奏的震動聲會讓他們感到舒適安心。所以像洗衣機這種家電除非發出特殊的低音，否則這種震動是不會讓貓咪感到不舒服的。

　　這個呼嚕聲還可以調整貓咪的健康狀況，所以一邊配合洗衣機的震動，一邊呼嚕呼嚕地睡覺真的很舒服。既然如此，飼主又何必制止呢？不過睡覺時可別從洗衣機上面摔下來喔。

真正想住的是
這樣的家

貓在野外獨自生活的時候，
必須經常確保自己的空間領域，才能生存。
現為主流的室內飼養方式讓家裡成為貓咪的空間領域，
雖然飲食與安全都得到保障，取而代之的卻是生活中的種種約束。
貓咪對於現在生活的這個家到底滿意到什麼程度呢？
就讓我們一邊探索牠們的真心，一邊思考寶貝貓咪究竟想住在怎樣的家吧！

營造舒適的生活環境

打造環境是飼主的職責

過去走在路上經常遇到各式各樣的家貓。有人說可以自由外出的家貓活動範圍有1.5個足球場那麼大，也有人說是以家為圓心，活動範圍約直徑500公尺左右。貓咪會將這個活動範圍當作自己的空間領域，每天優遊自在地在裡面來來回回。

在以室內飼養為主流的現在，幾乎所有貓咪都是生活在足不出戶的環境之中，就連空間領域也被局限在家裡。因此盡量在處處受限的家裡營造一個可以讓貓咪舒適生活的環境，就成了飼主的重要職責。

舒適的住家可以維持健康

貓咪適應環境的能力非常強。不管狹窄還是寬敞，牠們都能把所處的空間當作自己的空間領域，嚴加保護，並且盡可能在有限的條件之中讓自己過得舒適。就算對這個環境不甚滿意，牠們依舊能夠為自己確保一個冬暖夏涼的自在空間。

飼主可別因此安於貓咪的適應力，必須要站在牠們的立場重新檢視室內環境，盡量把家裡打造成一個沒有什麼壓力的舒適空間。這也是讓寶貝貓咪健康長壽的重要事項。

可以的話幫貓咪
準備一個舒適的家

準備一個不會受到干擾的安心角落

生活篇

PART

4

營造舒適的生活環境

　　不管住在什麼樣的家裡，貓咪都會為自己找到一個喜歡的地方，久而久之就會變成自己的地盤。因為那個地方已經沾上味道（留下記號），是屬於自己的空間領域，只要待在那裡就會覺得非常安心。

　　然而就算貓咪心有不滿，還是會讓自己順應環境生活，但是就現實來講，當下的居住環境說不定已經對牠們造成壓力了。飼主若是想要讓貓咪過得更加舒適快樂，就要準備一個會讓牠們「想要待在那裡」的地方。

　　首先，牠們第一個想要的是「藏身處」。長久以來一直獨來獨往的貓咪，都會想要擁有一個無人打擾、屬於自己的空間（個人空間），只要待在這裡就會覺得安心。所以不管是感到不安，還是想要靜靜休息時，一定要為牠們保留一個可以獨自躲在那裡的地方。另外，可以站在高處環視室內每個角落的「崗哨站」，以及能欣賞外面風景的「眺望窗」（「貓咪居家也瘋狂」中的「透過窗戶接觸世界」），也是可以讓牠們心情平靜的地方。這樣的地方，最好是陽光普照、可以一邊曬太陽一邊打瞌睡的凸窗，因為適度的日光浴有助於貓咪調節體溫，並且促進身體吸收鈣質。

藏身處

在衣櫥、家具縫隙以及房間角落這些貓咪喜歡躲藏的地方，為牠們準備貓床、外出籠或是瓦楞小屋。因為牠們最喜歡窩在陰暗狹窄的地方了。

崗哨站

在櫥櫃與書架上方，以及樓中樓等高處，為貓咪布置一個可以俯瞰屋內的地方。容易掉落的東西要先收好。

眺望窗

在窗邊為貓咪保留一個可以一邊欣賞窗外風景，一邊放鬆心情的地方。而且最好是可以欣賞翠綠樹林、享受日光變化的地方。有些貓看到野鳥會非常興奮，這對牠們來說是一種有益身心的刺激。

野生生活的參考範本

在思考貓咪喜歡什麼樣的地方時，可供參考的就是牠們在野外的生活方式。野生貓咪為了保護自己不被大型的肉食性野獸襲擊，通常會藏身在樹洞或是小洞穴裡休息。另外也會在樹上選擇一個大型野獸爬不上來的地方，當作安全的休息處或是崗哨站。貓咪之所以喜歡鑽進狹小的紙箱、袋子、洞穴與縫隙，只要爬到高處就會安心的原因，都是野生習性遺留下來的影響。

有的話會更開心的貓跳台

在「貓咪居家也瘋狂」當中提到的「確保貓咪的空間領域」，指的並不是寬敞平面的空間，而是擁有高低差的縱向「空間」。貓咪是一種會往上爬的動物，非常喜歡爬上爬下的運動。而讓貓咪看了會更開心的東西就是貓跳台。家裡如果有一座大型貓跳台的話，就能夠滿足貓咪想要上下攀爬的慾望，也能夠解決運動不足以及壓力累積等問題。加上貓跳台本身的結構還可以成為貓咪的私有空間，就連頂層也能變成牠們的崗哨站。中層部分如果有個小箱子的話，這裡就會變成牠們午睡的地方或是藏身處了。

而貓跳台的另外一個好處就是，飼主可以與跳到上面的貓咪，視線保持在同一個高度（或是讓貓咪俯瞰飼主），與牠們享受互動溝通的樂趣。

貓跳台

要挑選安穩又牢固的貓跳台。頂天立地式的貓跳台要隨時檢查螺絲有沒有鬆掉。市售的貓跳台種類相當豐富，但是要盡量避免構造不穩的款式。擺放地點的周圍也要保留足夠的空間，好讓貓咪能夠自由地跳上跳下運動。

讓貓咪過得更開心

從能力所及之處開始嘗試

　　穿過小小的貓門一進入屋裡，貓咪就立刻跳到釘在牆上的貓樓梯往上爬，繞過靠近天花板的貓跳台，然後穿過貓隧道，走向樓中樓格局的向陽處……。愛貓人士心目中「嚮往的居家環境」，是不是這個樣子呢？

　　在可以自由設計、量身打造的客製化住宅當中，能夠與貓狗一同生活的住宅愈來愈普遍，而且以裝潢漂亮、「與貓一起生活的家」為主題的樣品屋也有增加的趨勢。無奈在現實生活中，想要買棟新房子，甚至大規模重新裝潢又談何容易？更別談租來的房子了。現實與理想固然有差距，但我們還是可以花些心思，將現在住的家改造成可以讓貓咪過得更開心、更舒適的環境。就讓我們秉持著「從能力所及之處開始嘗試」的態度，試著從簡單的布置裝潢著手吧。

人與貓咪都開心的簡單裝潢

　　假日幾乎不曾在家裡敲敲打打的飼主，若是臨時要他們「DIY做一個貓跳台」的話，門檻恐怕會太高，既然如此，不妨就從能夠輕鬆完成的東西開始吧。DIY是do it yourself（自己修繕、製作）的英文縮寫。基本上只要會「測量、裁切、安裝」就沒問題了，更何況居家用品量販店，通常都早已為初學者準備好各式各樣便利的工具與建材了。不僅如此，寵物用品的網路商店也為飼主挑選了不少可以配合居家環境擺放的實用物品，有空的話不妨多加參考。

貓門
安裝在室內門上的貓門，通常在市面上就可以買到。就算門關起來，貓咪照樣可以自由進出，省得要一直幫牠開關門，而且開冷暖氣時還能夠提升效率。另外還有紗窗門專用的貓門。

貓樓梯

在架設可以安裝在牆面上的層架時,要先用螺絲釘將三角形支架釘在牆壁上,層板固定之後就大功告成了(有電動工具會更方便)。無法直接釘在牆壁上的話,市面上也可以買到頂天立地型的層架。不過階梯差距要配合貓咪的體格,間距不可過大。至於層板的尺寸則以寬超過20公分,長30~60公分為佳。

貓跳台

「擅長DIY」的人可以試著自己做貓跳台。以搭建層架的要領來製作階梯型貓跳台的話,就能夠解決貓咪缺乏運動的問題。如果是靠牆式貓跳台的話,穩定性會更佳。

利用Diawall的產品

住家如果是不方便在牆上釘東西的租賃房屋或水泥牆,不妨從Diawall這個牌子中,選擇以尺寸2×4的木材與支架為材料、不需用釘子或螺絲釘,隨便挑個角落就能做出層架的系列產品。只要掌握製作層架的要領,就能為貓咪設置貓樓梯或貓跳台。

貓公寓

製作大小剛好適合貓咪鑽入的木箱,組合之後再加以固定,便是可以讓貓咪隨喜好自由選擇小房間的貓公寓了。

磨爪處

將板材、圓木頭以及砍伐下來的木材豎起之後纏上麻繩,貓抓柱便大功告成了。而用黏膠將舊地毯黏在90×30公分大小的板子上,就是可以掛在牆壁上的貓抓板。至於不想讓貓咪抓的牆壁,也可以貼上一層從地面算起約1公尺高、材質光滑的貼皮膠布來預防。

貓隧道、埋伏點

只要將瓦楞紙箱連接起來放在房間角落,貓隧道就算完成了。中段部分可以稍微下點工夫,讓寬度變窄或是彎成「く」字型。另外在轉彎死角處也可以加高一層,設置一個埋伏點,增加一些刺激貓咪好奇心的機關也相當有趣。

喜歡睡哪，
就讓牠睡哪

幾乎整天都在睡覺

　　也就是「貓咪居家也瘋狂」當中第一個提到的「睡覺才是長壽的祕訣」。對貓來說，有沒有睡飽是一個至關重大的問題。斷奶期的幼貓1天大約要睡20個小時，成貓是14個小時。而到了高齡期，雖然每天也需要睡20個小時左右，但是當中的熟睡時段只有約3個小時，其他時間都只是在打瞌睡而已。

　　睡覺是為了休息，以便儲藏狩獵時所需的體力。就算是每天都過得非常和平安穩的家貓，睡覺的習慣依舊不變，而且還會窩在喜歡的地方睡。看到貓咪這麼會睡，人類就會忍不住想要替牠們準備一張專屬的貓床，不過貓咪也有自己的堅持，若是不合牠的意，那張貓床就會立刻被打入冷宮。不僅如此，牠們

對於那些可愛的圖案似乎也沒有多大的興趣。

各有所好的貓床

　　貓咪喜歡的貓床材質通常都十分蓬鬆柔軟，而且大小剛好可以包住身體。話雖如此，每隻貓對於自己的睡床還是各有所愛，所以最好的方法就是多準備幾張床，讓貓咪自己選。貓咪對於睡床的偏好通常會隨著季節與心情而改變，如果人類只是一廂情願地替貓咪決定，這番苦心往往會淪於白費。

　　貓床的類型方面有加邊的睡墊型、僅有一個入口的小屋型，以及可以鑽到裡面的毛毯型。不過有的貓咪通常會把客廳的沙發或是座墊、鋼琴椅，以及裡面塞了報紙的瓦楞紙箱當作貓床，有的甚至喜歡躺在飼主的旁邊睡覺，因此對

我最喜歡在這裡睡了。

我最愛在喜歡的地方，用最舒適的姿勢睡覺了。

於貓咪的睡床或許不需如此堅持。

　　順帶一提，日本傳統的稻草貓屋「猫ちぐら」，保暖性佳、通風良好，而且冬暖夏涼，貓咪睡在裡面的話，一年四季都會過得非常舒適。就算是平常老是躲在人類棉被裡的貓咪，遇到如此舒適的貓床，恐怕也會毫不猶豫地鑽到裡面去。

讓貓咪的休息處更加舒適

　　貓咪知道如何讓自己過得更惬意，所以牠們非常懂得找尋舒適的地方。不管是夏天還是冬天，牠們就是知道家中最舒服的地方，有時甚至是一回神，就發現牠已經霸占了最通風、最涼爽的走廊，甚至是整個鑽到暖桌底下，只把鼻頭露出來。

　　剛才介紹的藏身處、崗哨站與眺望窗，都是貓咪自己選擇的舒適之處。

　　不過上述這些地方，貓咪有時也會因為季節所產生的溫差而更換地點（因為貓咪對於溫度變化非常敏感）。

　　若是想要替貓咪準備一個新窩，不妨在那裡為牠鋪一條已經沾上貓咪自己或是飼主氣味的浴巾、刷毛毯，甚至是毯子。只要上頭有熟悉的氣味，貓咪就會在那裡擺出香盒坐姿，並開始打起瞌睡。如果看到貓咪這樣，就代表牠們已經適應新環境了。

睡床我要自己選

吸盤式貓吊床根本就是天堂。

我還要睡喔。

幼貓還真的是特別會睡呢。

I choose the bed myself.

夏天躺在瀝水盆裡最舒適了。

你好重喔……。

天亮了,該睡覺囉。

趁家裡小鬼不在的時候好好翻肚睡。

貓抓板這個硬度還真是好睡呀。

不讓你工作就是我的工作。

喜歡乾淨的廁所

擺放地點要貼心

在「貓咪居家也瘋狂」的7個約定當中，有提到貓廁所要隨時保持清潔。

貓咪嗅覺的靈敏程度是人類的數萬至數十萬倍，所以不夠乾淨的貓廁所往往讓牠們非常在意。不少貓咪一看到飼主清理貓砂就會立刻衝過來上廁所，因為牠們知道貓便盆已經清掃乾淨了。所以只要貓咪一上完廁所，就趕快幫牠們清掃乾淨吧。

在保持清潔這個大前提之下，有個地方反而經常會遭到忽略，那就是貓廁所的擺放地點。當我們在擺放貓便盆的時候，記得要選擇一個可以讓貓咪安心上廁所的地方，盡量避免眾目睽睽的地點，或是電視聲音吵雜的地方。

觀察貓咪的排泄狀況以預防疾病固然重要，但其實飼主只要在必要時刻偷偷觀察即可，盡量不要將貓便盆放在隨時都會被人看到的地方。

再來，貓便盆要放在通風良好的地方，也就是要挑選靠近窗戶或抽風機的地方，就算是擺在房間角落，也要選擇一個可以通風換氣的地方。

貓咪其實是一種非常敏感纖細的動物，因此在周遭生活的人務必要瞭解到一點。那就是對貓來說，廁所是一個非常隱密的私人空間。

容器大小也要注意

以往貓都是在山野中上廁所的，所以牠們會比較希望能夠在寬敞的地方方便。像是田裡的土只要一翻，過沒多久就會變成鄰近貓咪的大型廁所。至於家貓則要替其設想得更周全一點，最理想的貓便盆尺寸，起碼要超過貓咪體長（從頭到屁股）的1.5倍。不過市面上大型貓便盆的選擇應該不多，因此一般家庭所使用的，通常是比這個尺寸還要小的貓便盆。

若是想要給貓咪一個舒適的方便環境，其實我們也可以利用尺寸適當的衣物收納箱，邊緣過高的話就稍微裁切一下，或是為貓咪準備一個踏台。一般來說，貓便盆有以下2種類型。

● **單層貓便盆**：一般造型簡單的長方形貓便盆，只要倒入貓砂就可以使用。優點是容易檢查排泄物與清洗。

● **雙層貓便盆**：讓尿液經過具有除臭功能的貓砂之後，滴落在專用的尿墊上以去除異味。除臭功能佳。

不管是哪一種貓便盆，均有防止貓砂飛散或是氣味擴散的半開放式與屋型這2種。

貓咪對於貓便盆與貓砂的類型均各有所愛喔。

理想的尺寸是貓咪體長×1.5倍以上

還有從上面跳進去的立桶式貓便盆呢。

$$2 \times 1.3 = 2.6 \rightarrow 3$$

數量是貓咪隻數×1.3個

飼養多隻貓咪要幾個貓便盆？

　　自己的廁所若是有其他貓的味道，貓咪通常會感到困惑。然而飼養多隻貓咪的時候，貓便盆的數量若是不夠，勢必要大家共同使用。雖然建議的貓便盆數量以飼養的隻數+1為佳，但具體來說，貓便盆數量＝飼養隻數×1.3（小數點以下四捨五入）應該會比較好。像是3隻的話是3.9，也就是4個，10隻的話就要準備13個。

　　增設貓便盆的時候，可以試著擺在好幾個不同的地方觀察看看，使用次數不多的話就撤掉，並且移到別的地方看看。貓咪如果覺得貓廁所太髒或是不滿意的話，就會刻意隨處大小便以吸引飼主注意，不過有時貓咪反而會憋尿不肯上廁所，這樣有可能會引發膀胱炎，所以千萬別說這只不過是個貓便盆而輕忽漠視。

貓砂的決定權在於貓咪的喜好

　　選擇貓砂的時候，決定權應該要交給貓咪。因為每隻貓咪喜歡的貓砂粗細以及材質各有不同，所以在購買前要記得先瞭解各種貓砂的特性。

● **紙砂**：吸收力強，可用馬桶沖掉，但是吸水性聚合物製成的紙砂反而會讓馬桶阻塞。

● **礦砂**：以膨潤土為主要原料的礦物貓砂。吸水力強，不過顆粒較細的礦砂容易四處飛散。

● **木屑砂**：以檜木片為原料的貓砂，除臭效果佳。

● **穀物砂**：以豆渣為主要原料的貓砂，質地輕、易清理，但含有防腐劑。

● **矽膠砂**：除臭效果相當出色，但是質地輕，比較容易四處飛散。

輕鬆打掃，
營造舒適環境

幸好有你，家裡才會這麼乾淨

托貓咪的福，家裡才會變得這麼乾淨，這句話所言不假。

因為我們會把不希望貓咪拿來玩或是推倒的東西，全部都收到櫥櫃或是抽屜裡。光是如此，就足以讓家裡看起來整齊無比。

廚房裡的廚餘、食材與餐具也不會丟著不管。衣服脫下來若是亂丟，就會被貓當作墊子躺在上面，結果整件衣服沾滿貓毛，這樣誰還敢亂丟？可見與貓咪一起生活會自然而然養成整理打掃的習慣，而且這個家還會不知不覺就變得井然有序、乾淨無比。

當貓毛在家裡四處亂飛的時候，打掃的次數會變得更加頻繁。沾上貓毛的灰塵，通通都不放過。不僅如此，貓咪有時候會嘔吐，所以吐過的地方會比以前還要乾淨。貓咪若是亂尿尿，就會拚命地擦到家裡完全沒有尿騷味為止。

與貓咪一起生活，家裡真的會變乾淨。因為飼主會在無意識中，避免讓貓咪的行為對自己產生負面影響。也就是說，在這種情況之下他們會發揮自我控制力。愛貓人士幾乎都很愛乾淨。這一切，都要感謝貓咪。

應付貓毛亂飛的對策是梳毛

貓咪每年有2次換毛期，每逢春秋兩季就會大量換毛。貓咪的被毛有兩層構造，一層是絨毛，一層是護毛。春季時宛如羊絨的溫暖絨毛會掉落，到了秋季，則是會再長出新的絨毛。然而，近年來完全飼養在室內的家貓幾乎生活在冷暖氣設施完善的環境之中，或許是失去季節感的關係，一年四季都在掉毛的貓反而有愈來愈多的趨勢。

全身都是貓毛

衣服沾滿貓毛是愛貓人士的宿命。所以手上才會緊抓著滾筒黏把不放。

想要避免掉落的貓毛四處亂飛，最好的方法就是經常幫貓咪梳毛，讓掉落的毛聚集在一起。矽膠梳梳下的毛量固然驚人，不過這些都是脫落的毛，所以不需擔心貓咪身上的毛會掉光。除此之外，梳毛還可以避免貓咪在理毛時吞下過多貓毛，其實具有非常重要的功能。

平常要經常打掃環境

和貓咪一起生活的話，勤奮打掃家裡就成了飼主的課題。不只是貓毛，灰塵與塵蟎也會影響到家人的健康，所以家裡一定要隨時保持環境清潔。

● **用吸塵器**：吸地時要注意，別讓貓毛因為排出來的廢氣而四處紛飛。藏在地毯縫隙裡的貓毛可用「十字吸塵法」，也就是先直向再橫向吸過，這樣貓毛比較容易吸除乾淨。如果是掃地機器人的話，樓層面積較大的住家只要每逢貓咪脫毛的季節就能派上用場，非常實用。而且個性調皮的貓咪搞不好還會坐在上面，甚至追著它四處跑。

● **用除塵拖把**：平常打掃時，灰塵吸附力強的紙拖把就已經綽綽有餘了。除了地板之外，用來清潔榻榻米也很方便，清掃房間角落與家具縫隙更是完全沒有問題，輕輕一擦，灰塵與貓毛就會完全黏在上面。如果是除塵撢的話，只要輕輕一撢，掉落在家具或是書架上的貓毛與灰塵，兩三下就清潔溜溜了。

● **用滾筒黏把**：如果是沙發或布製品的話，那就不能沒有滾筒黏把了。出門前要穿的衣服若是沾上貓毛也能夠派上用場，所以玄關旁可別忘了擺一支。如果是比較細的貓毛，可以剪下一段膠帶黏成圈狀，直接將貓毛黏起來就好了。

去除異味的訣竅

將貓便盆與沾上貓尿味的地方用熱水消毒過後，可以有效去除尿騷味。無法使用熱水的話，可以用加了1小匙檸檬酸的水100cc，或是醋與水的比例為1:1調製而成的溶液來擦拭，這樣就能去除不少異味。如果是布沙發的話，使用蒸氣清潔機或是蒸氣熨斗不斷按壓也能達到效果。除臭劑方面，建議使用日本的「Comforpet」，因為裡面沒有以往除臭噴劑所含的有害物質，就算貓咪舔食的話也安全無虞。

有同伴會更開心喔

飼養多隻貓咪的樂趣與難處

與貓咪共同生活是件開心的事。

雖然養1隻就已經相當開心了，但如果變成2隻、3隻的話，又會增添不同的樂趣。對貓來說，在屋裡有2隻貓咪以上一起生活其實好處不少（參照表格），如果數量超過3隻的話，就會形成一個小小的貓咪社會，每隻貓甚至會展現出令人料想不到的一面。

然而想要飼養多隻貓咪，必須考量到飼主所能夠提供的條件，例如住家環境、經濟能力、體力與家人的協助，缺點當然也有，所以可別把這件事想得太簡單。

從古到今最棘手的問題，就是動物囤積症（Animal Hoarding）。及至今日，依舊有不少人因為沒有好好掌握現實狀況，結果愈養愈多，來不及照顧，因而疲於奔命，自己搞到日子過不下去也就算了，還造成旁人極大的困擾。

打造一個立體的生活空間

想要飼養多隻貓咪，首先要求的是飼主的責任感與能力，以及寬敞的居住空間。不過，飼養的隻數如果是在2～3隻以內的話，其實只要每隻貓咪都能找到一個讓自己安心的角落，就算住家面積不是十分寬敞，還是能夠擁有一個快樂舒適的生活空間。

飼養多隻貓咪的優點與缺點

	優點	缺點
對**貓**來說	◎有玩伴 ◎運動量增加 ◎充分發揮原有的習性 ◎看家時不會無聊 ◎貓咪之間會互相理毛，窩在一起取暖	×屬於自己的空間會減少 ×在空間領域內會引起紛爭 ×遇到合不來的貓咪會有壓力 ×無法霸占飼主
對**人**來說	◎可以看到貓咪交流的模樣 ◎疼愛不同個性的貓咪 ◎可以讓貓咪看家 ◎可以與貓咪保持適當的距離	×飼料花費大 ×醫療費與貓砂等支出龐大 ×清掃貓廁所、餵食與照顧相當耗時 ×居住空間變得狹窄

除了橫向空間之外，有高有低的縱向空間也不容忽視。擺放家具的時候，其實可以順便製造一些高低差，或是設置貓跳台，為貓咪打造一個立體的居住空間。

飼養多隻貓咪時，貓咪之間會自然而然形成地位的優劣，地位較高，可以霸占貓跳台或是家具等最高位置的貓咪通常都是固定的。

另外，吃飯時每隻貓咪都要有屬於自己的貓碗，水碗也要分別在不同的地方多擺幾個。貓便盆的數量是飼養隻數×1.3個，打掃清潔與檢查貓咪排泄物這些通通都不可疏忽懈怠。

飼養多隻貓咪的空間領域問題

對貓來說，空間領域的大小，是以這個範圍是否包含了自己的糧食為劃分標準。只要糧食無虞、外敵入侵的可能性低，就算空間領域不大也無所謂。

飼養多隻貓咪時，雖然每隻貓都有自己的空間領域，但絕大多數都是與其他貓咪「共有的空間領域」。貓咪之間

的相處狀況偶爾會出現問題，但只要讓牠們生活在不愁吃的環境之下，原本個性好鬥的貓咪也會變得友善親人。如此一來，就能夠讓個性不同的貓咪和睦相處，共同生活。

關係變差就分開住

原本一起生活的貓咪，有時會因為突如其來的一場爭吵，而讓彼此之間的關係變得緊張。就算是合得來的貓咪，偶爾也會出現這種情況。

如果彼此都不願意停止威嚇或攻擊的話，最好的方法就是讓牠們分開住。只要將其中一方隔離開來，盡量不要讓牠們在同一個房間裡看到對方，情況就會好轉。

將貓咪隔離在不同的房間，吃飯與上廁所也分開，讓貓咪的心情慢慢平靜下來，好好休息。等到緩衝期一過，再花一段時間，試著讓吵架的貓咪和好。

除非貓咪堅決不肯和解，否則之後的發展交由牠們自己去解決就可以了。

就算不是同類，也能夠當朋友喔。

我知道有新朋友來你很高興，可是……。

歡迎新家人

迎接幼貓的時候

最讓愛貓人士感到興奮的，莫過於把幼貓接回家的那一刻。小貓慢慢融入這個家，成為家中一員的可愛模樣，任誰都會為之動容的。

如果一開始就有打算飼養好幾隻貓的話，幼貓會比較容易融入新環境。因為牠們不像成貓之間有合不合得來的問題，雖然會發揮保護自我的本能，但就算家裡已經養了大型犬，彼此之間還是能夠締造良好的關係。

迎接幼貓時必須立刻準備的東西有水、貓飼料、貓便盆，還有愛。把貓咪接回家時，如果能夠連同之前吃的貓飼料、已經沾上幼貓氣味的貓砂與毛巾等物品一起帶回家的話，貓咪會更加安心

（幼貓的餵食方式請參考P35）。

離開外出籠之後，幼貓會開始慢慢四處探索，熟悉環境。因此家中的危險物品要事先收起來。幼貓的睡眠時間很長，牠們會先記住睡覺的地方，所以家裡如果有瓦楞紙箱的話，不妨在裡面鋪上一層毛巾，做個出入口，暫時充當牠的房間，之後再讓貓咪自己決定喜歡的地方。

另外就是說話時要輕聲細語，並且準備玩具，多陪牠玩。

迎接成貓的時候

成貓的性格與個性通常都已經固定了。而且其與天俱來的條件以及生長的環境，也會形成那隻貓的性格與個性。

親人、乖巧、警戒心強等性格與健康狀態（包括宿疾），如果能事先得知掌握的話，其實成貓應該會比幼貓還要容易飼養。因為牠們已經經歷了不少體驗，加上懂得如何應對處理，所以就算移居到新的環境中，也不太會有壓力。

最近在找尋認養者時，有些飼主因為考量到自己的年紀，反而會希望認養老貓或是高齡貓。如果雙方之間能夠融洽相處的話，此舉將會是一段佳話。

家中的狗對幼貓也是好奇不已。
而且眼光還非常溫柔呢。

貓咪送到收容所之後要先檢查身體，
瞭解健康狀態。

心態輕浮的人是沒有資格當領養者的。

如何領養收容貓

有一份讓人聽了恐怕會難過的數據資料，那就是飼養寵物的人增加了，但是棄養寵物的人也一樣變多了。只要與貓咪共同生活的人一旦增加，飼主因為無法照顧而棄養的機率也會跟著提高。那些無處可去的寵物就只能待在動物收容所之類的設施裡，等待領養或是遭到撲殺處分。

不過，拯救這些面臨處分命運的貓咪，並且暫時將其安置在流浪動物保護處、貓咪中途咖啡廳或是流浪貓中途之家的活動，卻愈來愈普遍。

想要養貓的人只要參加流浪貓保護團體舉辦的認養會，就有機會領養到貓咪。大多數的團體都會先在網頁上公告尋求領養者或舉辦認養會等相關事宜，而動物醫院與寵物美容店也會隨時張貼認養幼貓或是收容貓的資訊。只要多加留意，一定會遇到良緣。

領養貓咪的條件

在認養會上就算看到喜歡的貓咪，並且立刻提出申請，照樣要經過動物保護團體嚴格的審查才能夠成為領養者。

從家中成員、住家環境、飼養經驗到職業、飼養態度是否真誠，這些都會一一審查。領養之後，有時甚至還要簽訂領養合約書，約定會好好照顧貓咪的健康，陪伴貓咪一直走到最後，而且絕對「不棄養」。

這些動物保護團體有時還會追蹤訪視，而且不少保護團體還會因此拒絕讓領養者認養貓咪。可見這些領養會並非是草率地舉辦活動。

另外，有些動物保護團體會收取認養費，以當作打預防針、驅蟲、健康檢查或是結紮等費用，這些都要事先好好確認。以野澤動物醫院為例，在替貓咪找尋領養者時，也會遇到有人詢問「認養費要多少」，可見這個社會對於與貓咪有關的觀念已經開始慢慢在改變了。

貓咪老師的解憂諮詢室 2

如何奪回貓跳台最高的位置？

煩惱 1

家裡一共有3隻貓。客廳擺了一座感覺不錯的貓跳台，但是最上面的休息處卻老是被一開始就住在這個家的虎吉霸占。我要怎麼做才能夠奪下那個位置呢？

所處位置愈高，貓就愈有優越感。
更何況貓跳台最上面那一層，還是眼觀四方的最佳場所。

我懂虎吉想要霸占那個位置的心情。遇到這種情況要對先來到這個家的貓咪表示敬意。既然牠想在最頂層休息，那就讓牠這麼做吧。就算你趁牠不在時偷偷跑去霸占那個位置，遲早還是會被奪回去的。

所以應該要避免無謂的爭吵，老是在搶位置是不會長壽的。分開居住、和平度日才是最聰明的生活方式。因為交棒的日子總有一天會到來的。

煩惱 2

每天晚上，飼主要睡覺的時候就會把我抱到棉被裡一起睡，我只好裝睡，忍耐5分鐘之後再趁機溜出去，真的是很痛苦。要怎麼樣才能夠讓他別再這麼做呢？

說來或許令人困擾，但是**那些飼主都非常渴望和貓咪一起睡。**

不過，你的態度也不太好。就算只有5分鐘，既然你不想跟他睡，就不應該一起鑽進棉被裡，因為你的體貼會招來埋怨的。所以要知道怎麼「婉轉拒絕」。

那要怎麼拒絕呢？暴走的話，可能會被視為「問題行為」。此時不妨以貓咪的身分，好好表達出你的意願。就算被拉到棉被裡，飼主只要一躺下，就立刻從棉被裡鑽出來，並且逃到不會被抓到的隱密地方，或是跑到比較高的崗哨站去。這麼做就足以表達你的意願了。

煩惱 3

新的貓咪成員要來家裡之前，飼主辦了一場相親，說是要聯絡感情，可是我會怕那隻不認識的貓，所以大鬧了一場。結果飼主說這場相親會失敗都是我的錯，我好難過喔。

這樣不是很好嗎？
**對方應該也會
鬆一口氣，**
不是嗎？

就算是人類，相親時也不會憑第一次的印象就決定對象，通常都會先慢慢摸清對方的個性再來決定。貓也是一樣。第一次碰面時都會希望對方先待在不同房間的籠子裡（通常都會這麼做喔）。有時會先經過幾天的磨合期，讓彼此稍微熟悉一下對方。

即使是貓也會害羞不知所措的，所以「都是你的錯」這句話，根本就是飼主想要嫁禍於你。既然如此，你就原封不動地把這句話送還給他吧。

煩惱 4

最近頻頻掉毛，理毛的時候，我已經吞下不少貓毛了。要怎麼做，才能夠讓飼主樂意幫我梳理貓毛呢？

在回答你這個問題之前，
我想要先問一下：
你的身體狀況還好嗎？
如果是因為過敏等生病狀況而掉毛的話，可不是梳毛就能解決問題喔。要保重。

控制飼主，讓他愛上幫貓梳毛是貓咪的拿手伎倆。這時要給飼主一些條件。首先要把腰部的毛弄亂，讓毛整個翹起來，這樣飼主看到之後就會把毛弄平。接著再次弄亂。這時飼主就會拿起梳子幫你梳理貓毛了。梳好後記得要立刻跳到他的肩膀上踏一踏，當作謝禮。

一旦飼主愛上你的回饋，這樣的舉動就會變成強烈的刺激，如此一來，他就會忍不住想要幫你梳理貓毛了。

生活篇

PART
4

營造舒適的生活環境

PART
5

在家怎麼會發生這種事

一日三餐與舒適的睡床都得到保障，
而且還可以在貼心的飼主身旁悠閒度日的貓咪生活。
儘管如此，家卻未必是一個安全的地方。
只要稍微疏忽大意，貓咪就會有個萬一。
要盡量減少家中的危險，以免危急時刻驚慌失措，
好讓貓咪擁有一個安全又安心的生活。

安然寬心的生活

預防家中意外

　　儘管想要與貓咪一起平安快樂地生活,但有時寶貝貓咪還是會發生意外。就算覺得家裡安全無虞,危險還是會潛藏在各個角落,因為貓咪常常會做出令人類無法預測的舉動。為了預防萬一,讓我們先好好檢查整個家的環境是否安全吧。

　　事故與意外的發生,通常出自於飼主的疏忽大意。所以當意外發生時,往往為時已晚。

隨時保持安全意識

　　貓咪平常就會在家裡到處檢查,只要發現家中有沒看過的東西,就會想要靠近確認;只要一看到新奇的東西,就會忍不住想要去舔或咬。在這種情況之下,貓咪有時會不小心把東西吞下去,尤其是好奇心旺盛的幼貓與小貓,牠們的行為更是難以預測。除了會讓情況一發不可收拾的誤吞與誤食外,為了避免燙傷、砸傷、中暑等情況發生,飼主一定要提高意識,提供貓咪一個更安全的生活環境。

危險物品
一律收起來

避免誤吞誤食

　　誤吞誤食是幼貓以及小貓經常發生的意外，而不慎吞下的東西大多為玩具的零件、穿上線的針、繩子、橡皮筋、雞骨、種籽、藥丸，以及布類等等。一旦貓咪產生興趣，其實任何可以塞進嘴裡的東西都有可能不小心被吞下去。

　　貓咪要是有東西卡在牙縫間或是黏在上顎的話，掙扎的模樣通常會引起注意。但如果是不慎吞下肚的話，恐怕就無法得知牠們到底吞了什麼進去，遇到這種情況就很麻煩了。

　　貓咪的舌頭布滿了倒刺，若是不慎吃下繩子之類的東西，很容易愈吞愈進去。而不慎把東西吞下去的貓咪，甚至還會出現口水直流，想吐卻吐不出來的痛苦模樣。

　　寶貝貓咪突然沒有食慾，而且樣子怪怪的，只好帶去醫院檢查。等照了Ｘ光之後，才發現原來肚子裡有異物。這種情況，層出不窮。

　　吞下的異物若是過大而導致貓咪嘔吐、無法排泄的話，那就要用內視鏡檢查，或是開刀將胃裡的異物取出了。

　　因此，只要是形狀與氣味會引起貓咪注意，或是具有毒性的危險物品，通通都要收在貓咪看不到或是爬不上去的地方。

危險植物要注意

　　一般來說，百合、水仙、鈴蘭、紫陽花與風信子等鮮花會對貓咪產生強烈的毒性，當中要特別留意百合科的花，就算只是花粉或是花瓶中的水，貓咪一旦誤食就會中毒，非常危險。而誤食後通常會出現腹瀉、嘔吐與痙攣等症狀。另外，天南星科、茄科、觀賞植物中的黃金葛、常春藤與聖誕紅等植物也會對貓咪產生毒性。

　　貓咪通常不會去吃這些植物，但是為了預防萬一，還是盡量避免在家中擺放這些植物，不然就是移到貓咪無法前往的地方會比較好。

毒性強烈的精油

香精油對於貓咪造成的毒性鮮為人知。儘管芳香療法可以舒緩人類身心，但是這種100％來自植物、成分天然的濃縮精油，對貓咪來說卻是毒性非常強烈的物品（尤其是澳洲茶樹精油），有可能引起肝功能障礙。不管是用薰香台加熱、讓貓咪舔食，或是滴在皮膚上，這些通通都不行。

貓咪有別於人類與狗，屬於純肉食性動物，並不攝取植物，因此體內的肝臟無法分解植物性毒素。然而香精油的成分卻會殘留在貓咪體內，持續攝取或吸入的話，貓咪恐怕會突然出現不適症狀，因此與貓咪一起生活時，還是盡量不要使用香精油。

人類的藥要妥善保管

另外，人類吃的藥也要注意，絕對不可以直接把藥丸放在桌上，或是把整個藥包丟著不收。就算貓咪不喜歡藥味，有時還是會用鼻子來滾動藥丸，甚至不小心吞下肚，尤其是小貓更要特別留意。市售的鎮痛藥會影響貓咪體內的紅血球，破壞其輸送氧氣的功能。而降血壓藥、抗憂鬱藥與抗糖尿病之類的藥物也會對貓咪造成危險，所以一定要格外注意，嚴加保管。

誤吞誤食的其他注意事項

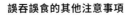

縫紉用品

可能是有飼主氣味的關係，不少貓咪都會誤吞穿了線的針。當牠們在邊舔邊玩時，針往往會不小心被舌頭勾住，就這樣吞下肚。

首飾、迴紋針

因為有飼主的氣味，貓咪舔舐時往往會不慎誤食。像耳環之類的小東西取下之後一定要立刻收起來。另外，貓咪還會伸手去玩聖誕樹的吊飾或是雛人偶，這些都要注意！

彈力繩、橡皮筋、環圈

邊舔邊玩時，貓咪通常會不小心把這些東西吞下肚。如果沒有吐出來或是排泄出來的話，就要趁早就醫處理。

塑膠袋等物品

貓咪有時會不慎吞下沾有食物氣味的塑膠袋或是保鮮膜，所以要多加注意，以免牠們吞下肚。

冷暖氣
適度就好

最適溫度比人類高2℃

貓咪的正常體溫是38～39℃。幼貓的體溫雖高，但是會隨著成長慢慢穩定下來。

貓咪全身上下就只有腳底的肉球有汗腺，所以牠們無法像人類那樣透過排汗來調節體溫。因此當我們將貓咪飼養在室內時，要特別注意高溫潮濕的炎熱夏季。

家中如果有風從窗戶吹進來的話，貓咪會自行在通風良好，也就是室內最涼爽的地方舒適地休息。若是要關上窗戶打開冷氣，溫度最好設定在28℃。對貓來說，比人類感覺涼爽的溫度還要高個2℃、冷暖適中的冷氣房才是最適合的溫度。另外風量也要加以控制，不可

大家都擠在一起，是在搶什麼好地方嗎？

過大。

貓咪雖然怕熱不怕冷，但是卻非常討厭電風扇或冷氣口對著牠們直吹。所以開冷氣時，也要順便幫牠們準備一個不會吹到風的地方，例如在屋裡擺一張屋型貓床，或是門留個縫隙，讓貓咪可以自由移動到別的地方。

貓咪獨自看家時要注意避暑！

要特別留意炎炎夏日門窗緊閉，只有貓咪在家的時候。在炎熱高溫的日子裡，窗戶朝南的房間如果整個關緊門窗的話，室內溫度極有可能超過40℃。

飼養在室內固然安全，但是對於不太擅長調節體溫的貓咪而言，夏季卻是中暑危險性很高的季節。

為了避免室溫超過30℃，外出時一定要將遮陽窗簾拉起來或拉下百葉窗，以免陽光直接照入屋內。

另外，我們還可以為貓咪準備一張冰涼的冷凝墊、涼爽的貓床，或是寵物專用的保冷劑，同時還要準備分量充足且新鮮乾淨的水。

空調要開除濕模式

打開窗戶只關上紗窗就出門的方法並不值得推薦，因為就防盜來講，這麼做並不安全，更何況貓咪也有可能自己

貓咪獨自留在家裡的時候，雖然牠們會自己找到一個最舒適的地方，但是讓牠們看家時還是要多加注意室溫！

開窗跑出去。如果在貓咪跳不到的高處有通風的小窗，那麼只要在家中的南北或是東西這2個地方開2扇小窗，室內就會更通風，而且室溫也不會攀升。

如果這樣室溫還是無法下降，或是氣象預報可能會非常炎熱的那一天必須外出，這時候不妨將空調的溫度設定在28～30℃，出門時切換至除濕模式。貓咪中暑通常都發生在飼主不在家的這段期間。為了避免貓咪在理應非常安全又安心的家裡發生憾事，身為飼主一定要格外小心留意。

冬季要注意低溫燙傷

冬天家裡如果有一張加了防寒罩的貓床或是屋型貓床，貓咪就會整個身體捲起來窩在裡面睡覺。而將身體整個捲起來、類似「菊石」的姿勢是維持體溫的最佳睡姿。

冬天的睡床如果有熱水袋（水龜）或是寵物專用電毯的話，貓咪應該會更開心。不僅如此，貓用暖桌也相當搶手熱門。

其實最近的貓用暖爐溫度都不會過高，能夠預防貓咪低溫燙傷，而且電線材質也十分堅固，不易咬壞。

但如果是人類使用的電器，那就要特別小心了。像電毯之類的電暖器開在44℃時，貓咪若是接觸3個小時，接觸部位就會出現低溫燙傷，46℃的話更是只要1個小時就會燙傷。有時飼主會誤以為這是皮膚病而帶來醫院看診。至於家中飼養的如果是幾乎一整天都在睡覺的高齡貓，那就更需要多加留意了。

暖爐要裝上安全圍欄

冬季開暖爐時，室內的最適溫度是20～25℃。屋內很乾燥的話就要開加濕器，盡量讓濕度保持在50～60％左右。

貓咪要是太靠近高溫的暖爐或電暖器，尾巴的毛就會不慎燒焦，皮膚與肉球甚至還會燙傷，非常危險。

所以當我們要開暖氣的時候，最好是在暖爐旁架設嬰兒圍欄，或是在暖氣出風口安裝護欄，以防萬一。

另外，浴缸注滿熱水之際，有時貓咪會因為跳到浴缸蓋上取暖而不慎掉落溺斃。所以當浴缸注滿熱水時，浴室門一定要緊閉（或是洗完澡後立刻把水放掉）。

提前知道，
以防萬一

拖著腳走路（骨折!?）

　　貓咪骨折之類的傷害，幾乎都是交通意外或是從高處跌落所造成的，不過這種情況並不常見。貓咪要是真的骨折的話，光是觸摸就足以讓牠疼痛不已，而且看著牠拖行走路，真的會讓人心痛不已。如果懷疑貓咪可能骨折的話，最好還是盡量不要去移動牠的身體。

● 緊急處理

①出現外傷出血時，先壓住傷口止血。用洗衣網或袋子套住的話，貓咪會動彈不得，並慢慢冷靜下來。

②在家中不易用副木替貓咪固定骨折部位。如果懷疑貓咪極有可能骨折的話，就要立刻把貓咪關進外出籠或是箱子裡緊急送醫。此時貓咪如果已經用洗衣網套住的話，對彼此都會比較輕鬆。

③如果是扭傷的話，那就讓貓咪好好靜養，並且為牠冰敷患部。過了3天如果還是會拖行走路，甚至毫無復原徵兆的話，那麼極有可能是脫臼，遇到這種情況最好帶牠去看醫生。

四肢無力（中暑!?）

　　氣溫超過30℃的炎炎夏日，如果濕度也很高的話，家中門窗一旦緊閉，貓咪就很有可能會中暑。若是怎麼叫都沒有反應的話，代表牠的生命危險程度高達4級，已經命在旦夕，此時必須趕緊幫牠降低體溫。

● 緊急處理

①先將貓咪移到陰涼處。若有冷氣，可讓冷風對著貓咪的胯下或是腋下吹，以降低體溫。亦可用電風扇或扇子（沒有的話用板子或是瓦楞紙箱）搧風。

②將濕毛巾、冰塊或是保冷劑放在胯下或是腋下，試著幫牠降低體溫。如果還是無法恢復意識，就要盡早送醫。

　　如果出現嘔吐或是腹瀉，無法自己行走，代表貓咪的危險程度是3級，一樣要移到陰涼處，讓牠喝水。倘若貓咪無法自己行走，同時呼吸急促，那麼危險程度就是2級。要是精神比平常還要差，而且沒有食慾的話，危險程度則是1級。

貓咪中暑往往發生在飼主外出的這段期間。因為和人類在一起的時候，對方通常會主動為貓咪調整室溫。至於貓咪中暑的危險等級並不是從1級慢慢攀升，有時會直接衝到4級，所以千萬不可疏忽大意。

劇烈嘔吐（食物中毒!?）

貓咪是一種很容易嘔吐的動物。只要消化不良或是過食，就會立刻嘔吐。這是正常的生理反應，不需擔心。

但是如果遇到1天吐好幾次的話，那就有可能是生病造成的嘔吐。原因大多為中毒、不慎吞下異物、消化器官或是泌尿器官的疾病徵兆這4種。但不管是哪一種情況，只要貓咪持續嘔吐，就要禁水禁食，因為繼續飲食只會讓牠吐得更厲害。

經常聽人說會讓貓咪中毒的食品有蔥、墨魚與巧克力。其實有不少貓咪出現腸胃不適是因為開封後氧化的貓飼料所造成的。一旦持續食用，嘔吐的現象就不會停止。所以那些造成貓咪嘔吐的可疑飼料，最好是丟棄比較好。

貓咪有時會在殘留洗碗精的廚房水槽裡走來走去，然後又因為舔舐沾上洗碗精的腳底而嘔吐，所以廚房的水槽也要沖洗乾淨。

貓咪若是步入高齡期，最好是到醫院抽血檢查，確認腎臟等內臟的功能。疑似罹患腎臟疾病或是有結石的貓咪如果無法排尿，甚至開始嘔吐的話，這種情況極有可能是得了尿毒症，此時貓咪會陷入危險之中，必須立刻就醫處理。

不慎誤吞時該如何處理？

若是覺得貓咪的嘴裡好像一直含著東西，就要立刻幫牠取出來。

嘴裡如果有異物，甚至不慎吞下去的話，貓咪就會急著想要吐出來。吐得出來固然萬幸，但是口水會直流，而且還會吐出帶有黃色泡沫的胃液，非常難受。所以要是看到貓咪的喉嚨好像卡有異物，就要盡量把牠的嘴巴打開（注意不要被咬），趁早將異物取出。

另外，等貓咪平靜下來之後，再確認是否真的吞下異物，或是檢查屋裡是否有東西不見。像是雞骨或魚骨、扣子或繩子、首飾或小東西、夾子、鈕扣電池、電線這些東西。貓咪咬布踩踏的行為稱為羊毛吸吮，這個習性往往是導致腸阻塞的因素，所以千萬不要任由牠盡情啃咬。

會讓貓咪不慎吞下的東西幾乎都是人工物品，只要飼主多加留意，就能夠預防不少意外發生。

對不起，
我偷溜出去了

通常不會走太遠

飼養在室內的貓之所以會離家出走（偷溜出去），通常都是「因為好奇，所以想要出去走走」。但是對於外面的世界幾乎一無所知的貓咪，其實只要一踏出家門，通常就會因為不安而想要趕快回自己的家。

貓咪若是偷溜出去，通常都不會離家太遠，所以在找貓時不妨先鎖定半徑10公尺以內的範圍，徹底搜尋。就算是已經習慣的貓咪，被捉時依舊會驚慌失措，甚至是暴走，所以這時最好準備一條大浴巾，蓋住貓咪全身之後再把牠抱起來。貓咪跑到外面之後，通常都會靜靜地躲在汽車底下、冷氣的室外機與置物櫃的角落，不然就是樹木花叢之類的陰暗角落。

如果還是找不到，每次搜尋時範圍就再擴大10公尺。夜深人靜的時候只要出聲喊叫，貓咪通常都會出聲反應並跑出來。

申報寵物遺失的地方

假設貓咪過了1天還是沒有回來的話，就要趕快到當地的行政機構提出寵物遺失申報。

首先到地方上的動物保護處（或是動物收容中心）詢問。雖然很少人會一撿到貓就送到動物保護處，但是到這裡還是可以收集到一些有用的資訊。再來就是到當地的衛生所與警察局提出協尋啟事。有時可以從這裡得到「那邊有流浪貓出現」、「看到走失的貓咪」之類的資訊，有些人甚至還會把貓當作「遺失物」送到警察局來。

善用協尋啟事與SNS

雖然有點花時間，不過找貓時如果能製作上面印有貓咪照片的協尋啟事，其實效果也相當不錯。使用的照片要大一點（最好是全身與特寫照各一張），以便吸引愛貓人士的注意，另外尋貓啟事上還要寫下貓咪的名字、特徵，走失的地點、日期與時間，以及飼主的聯絡方式。

我好想溜出去看一下。

住家附近、鄰近超市的布告欄、人潮眾多的地方、當地的動物醫院以及寵物美容店等等，這些地方都可以請他們幫忙張貼協尋啟事。

推特（Twitter）與Facebook等SNS也要多加利用。因為SNS可以發揮即時性，短時間內就能夠匯聚各種資訊，有時甚至可以趁早找到貓咪。除此之外，專門發布寵物協尋資訊的網站以及類似「Dokonoko」的貓狗App，（譯註：台灣有：寵物協尋聯絡網http://www.netpage.com.tw/lost/，台灣動物緊急救援小組http://www.savedogs.org/）在找尋走失的貓咪時也能善加利用。如果有地區社群網站的話，千萬不要客氣，一定要試著拜託對方幫忙擴散資訊，這時一定要記得準備一張貓咪的照片。

如何預防貓咪偷跑出去

為了不讓貓咪偷跑出去或是離家出走，最佳對策就是①在開關大門或是後門時，要注意貓咪有沒有在身邊。在玄關內側架設圍欄的話，情況就會大為不同。②不讓貓咪靠近開窗或是只有紗窗的地方。位在高處的氣窗也要注意。③圍牆縫隙以及可以沿著圍牆走到外面的陽台等地方，不要讓貓咪靠近。④把貓咪關進外出籠裡外出時，絕對不可以放牠出來。

明明就沒有意思要出去，家裡戒備卻是如此森嚴，或許會讓貓咪感到很無奈，但是牠們會做出什麼樣的舉動是難以預測的，為了預防萬一，做好安全對策才是最佳手段。

呼喚貓咪回來的咒語

日本人在呼喚貓咪回來的咒語當中，最有名的就是在原行平的「與君別千里　今赴因幡稻羽山　如其峰上松　若知君仍苦待吾　當應登時歸來兮」。只要在紙上寫下這首和歌，貼在貓咪經常出入的玄關就可以了。另外作家內田百閒也在《Nora呀》這本書提到一個尋貓法，那就是將貓用過的貓碗倒過來，在上面施行灸術，立根木棉針。民俗學家大木卓也在《貓的民俗學》這本書當中，提到找尋走失貓非常靈驗的神社，那就是日本橋的三光稻荷神社、大阪市西區的貓稻荷與名古屋市東區的建中寺祠堂（譯註：台灣則是新莊地藏庵）等等。在等待寶貝貓咪回來的這段期間，如果能夠順便祈求神明或是依靠前人智慧，焦慮的心情就會慢慢平穩下來。

你是走失貓

「嘿，你的臉出現在海報上耶！」「真的耶，拍的真好！」

有辦法
一起逃難嗎？

為貓咪準備專用的避難包

也寫散文的物理學家寺田寅彥曾說過一句話：「天災總是在人們遺忘時降臨」，可見人們總是無法記取教訓。既然如此，我們更要從教訓中學習，事先想好對策。

公益社團法人東京都獸醫師會在其所發行的《寵物防災BOOK》這本書當中，便呼籲大家「逃難時要記得帶著寵物一起避難」。但是在避難收容所時，我們並無法與貓咪一起生活，在這種情況之下，勢必要為牠們準備一個專用的避難包。如果是背包型的外出籠，雙手就可以空出來，非常適合徒步或是騎腳踏車逃難，而且放下時還可以充當臨時貓籠。除此之外，也要順便準備緊急時刻的急用外出包。

緊急外出包裡要放的物品

- 裝貓用的洗衣網
- 數份貓飼料
- 1隻貓1公升的水
- 塑膠碗
- 數張尿墊
- 急救包
- 名牌、寫上聯絡方式的項圈
- 胸背帶牽繩
- 貓牌、貓的照片

※智慧型手機裡如果有貓咪的照片也能派上用場。

應付危急狀況的逃難訓練

就算是為了應付危急狀況而準備，但是貓咪畢竟與狗不一樣，是無法調教的。話雖如此，還是有適合貓咪的訓練方式。

災害發生時有助於貓咪移動的具體手段，就是動物園與水族館實施的「身體照護訓練（Husbandry training）」。這是動物與飼養員在移動或是看診時，為了方便行動而做的訓練，也就是利用給予獎勵這種附帶條件的傳統方式來訓練動物。

平時也可以利用這種方式來訓練貓咪移動以及看診。

例如訓練貓咪待在外出籠裡關籠吃飯。只要貓咪乖乖走進外出籠，就給牠喜歡的零食當作獎勵。自己鑽進洗衣網時一樣要給牠獎勵。如此簡單的方式，就是非常實用的貓咪身體照護訓練，有的貓咪甚至會記住響片或是飼料袋的聲音。不過經驗豐富的高齡貓有時反而會對零食產生警戒心。

發放防空警報時，不管是貓還是人都會被突如其來的警報聲嚇到。但是一想到警報聲結束後，緊接而來的就是地震快報、海嘯警報以及導彈發射等相關資訊，必須要盡快學會應對方式才行。除此之外，別無他法。

在避難收容所生活的注意事項

在避難收容所生活時，貓咪緊張不安的情緒通常會攀升到最高點。毫無餘裕向飼主撒嬌、隨地大小便，甚至是躲在狹窄的地方不敢出來。有些貓咪一旦發現情況不對勁，察覺到危險的牠們就會立刻逃跑。所以在同行避難時一定要嚴加保護，千萬不可以讓牠們逃走。

同行避難雖然是一同到避難收容所避難，但是人與貓並不能一起住在避難收容所裡。大家要記住，在這種緊急情況下是不會有能和寵物同行居住的避難收容所的。有些災害的規模並不允許收容所擁有如此充裕的生活。而都市與山區的狀況以及應對方式又各有差異，這時如果能準備一台收音機或是可以看數位電視的手機會比較方便。

開車避難，並且直接睡在車上的時候，如果可以把貓關進折疊式貓籠，並在裡面放些貓飼料與水的話，在車上住個幾天應該是沒問題的，畢竟在車內可以保有隱私，就算發生餘震也不用擔心建築物倒塌。只不過都市發生災害時，想要停留在車中並不容易，而且夏天與冬天還要特別留意貓咪的健康狀態。

不幸分離的時候

因為居住空間的關係，想要在避難收容所與寵物同住實屬不易。離別固然讓人感到悲痛，不過寶貝貓咪會遷移到另外一個專屬的飼育處生活，而且早期也會有志工救援照顧，所以這段日子彼此就好好加油吧。

如果只有將貓咪留在家中這個選項

的話，記得一定要為牠多準備一些貓飼料和水，並在項圈上寫下貓咪的名字與自己的聯絡方式，套在貓咪的脖子上再離去。可以的話，最好一併寫上避難收容所的名稱，並且貼在家中最醒目的地方。當然，項圈上也要記得寫。

1990年，雲仙普賢岳的火山爆發後沒過多久，動物救援中心就立刻成立，收容與飼主走散的動物。從這個時候開始，動物救援便與拯救災民的活動一併進行。1992年的有珠山火山爆發與1995年的阪神大地震發生之後，動物救援中心同樣也是立刻設立，讓動物保護與治療等活動能夠同時進行。2000年三宅島火山爆發時，就有將近300隻的貓狗與飼主一起避難。以往的這些教訓，讓我們切身體驗到日常防災準備的重要性。

其實，貓咪只要與人類在一起就會安心許多。所以當災害發生時，並不會因為分離導致的不安而產生壓力。不過更重要的一點，就是飼主自身也要平安無事，這樣才能夠守護貓咪。

地震發生時所帶來的恐懼會留在人的腦海裡，貓咪也是一樣。

PART

6

美麗迷人的
健康貓咪

再也找不到比貓咪還要完美的動物了。
心裡會這麼想的人，世上應該不少。
迷人的姿態與每天任性撒嬌的模樣，
這兩種頗具落差、又毫不掩飾的模樣，
恐怕只會讓愛貓的人愈陷愈深。
其實貓咪的美，與健康舒適的環境
以及共同生活的飼主所付出的愛，息息相關。

維持亮麗的外貌

讓貓咪神采飛揚的「幸福荷爾蒙」

皮膚與被毛的狀態是判斷貓咪健康的指標。只要身體功能一切正常，貓咪的外表就會亮麗動人。相對地，毛髮的狀態與光澤也能看出貓咪身體狀況的變化。貓咪的美不光是靠梳整貓毛與洗澡等外在因素而來，內在因素也會產生影響。只要與溫柔體貼的飼主親密接觸，貓咪體內的「幸福荷爾蒙（也就是催產素）」便會在舒適的刺激之下活絡地分泌，讓心情變得幸福快樂，外表容光煥發且神采飛揚。

貓咪愈健康就愈美麗的原因

貓咪的皮膚與被毛除了能夠阻擋病原體與有害物質入侵之外，還具有保濕及保溫等調節體溫的功能。貓咪身體若是不適，這些功能就會變差，而且貓咪自行梳整貓毛的次數也會減少，如此一來毛髮就會漸漸失去光澤。被毛的主要成分「角蛋白」必須從肉或魚等優質的動物性蛋白質中攝取，合成添加物只會對被毛甚至是皮膚造成不良的影響。唯有品質優良的飲食與沒有壓力、健康舒適的生活，才能夠讓貓咪的身心得到滋潤，保持美麗。

輕撫而過，
讓貓咪幸福美麗

平常要幫貓咪梳整貓毛

想要讓貓咪擁有亮麗的被毛，一定要為牠梳整貓毛，尤其是春秋這2個換毛期一定要勤加梳理。此時除了替貓咪整理被毛之外，梳整的這段時間也是重要的親密時光，所以在梳毛時可別忘記要對牠們輕聲說話。至於梳毛工具，一般有齒梳（排梳）、鬃毛梳、矽膠梳、針梳與去毛梳。

● 鬃毛梳：鬃毛梳的梳齒密集，對貓來說感覺會比較舒適，而且還具有按摩效果。最後梳整時也能使用，但唯一的缺點就是梳座容易纏滿貓毛。

● 矽膠梳：兼具按摩與梳毛的功能，還能夠有效除毛。最後梳整時可以搭配齒梳，將貓毛梳理整齊。

● 針梳：梳子前端呈細針狀，能夠有效除毛，但是接觸到皮膚時會痛，建議使用軟針針梳。

● 去毛梳：解決掉毛問題的強力幫手。只要像撫摸貓咪一樣緩緩地移動，就能夠輕鬆去除廢毛，但是在梳的時候要注意力道。使用去毛梳的要領，與遊牧民族用梳子梳取羊絨一樣。

每天輕撫，毛髮光亮

貓咪在讓人撫摸的時候，心情會變得非常平靜，而撫摸貓咪的人也會跟著放鬆。

用手輕撫固然可以梳整被毛，但是如果能夠套上寵物除毛手套的話，輕輕一摸，貓毛就會變得更加亮麗。

戴上寵物除毛手套輕撫貓咪時，也能夠一邊與貓咪玩耍，一邊享受親密接觸的時光。這麼做不僅可以清除貓毛上的髒汙，更不需要使用洗毛精，對被毛完全不會造成傷害（但是會對化學纖維過敏的貓咪則不適用）。

至於玩偶除毛手套則是手指可以活動的玩偶型連指手套，只要靈活運用手指，相信貓咪看了一定會開心地飛奔而來。而且用這個替貓咪梳毛時，還能夠一邊和牠們開心地玩耍。這雖然是一個

梳毛不僅是為貓咪梳整毛髮，
也是一段重要的親密接觸時光。

「稱讚」是最佳的美容方法!?

貓咪愈來愈漂亮，說不定是幸福荷爾蒙帶來的效果！

不起眼的小東西，卻能夠讓飼主一邊陪貓咪玩耍，一邊為牠們梳毛，同時也讓彼此擁有一段開心愉快的幸福時光。

效果絕佳的稱讚：「你好乖喔！」

在「貓咪居家也瘋狂」提到的7個約定當中，有一項是「跟貓咪說話傳遞心意」。只要多對貓咪說話，牠們在聽了幾次之後就會牢記在心，而且還會從音感與狀況理解單字的意思。

其實貓咪在日常生活當中就已經知道自己的名字、稱讚的話語，以及「會有好事發生在自己身上的字詞」。像是「吃飯」這個詞就會與打開飼料袋或是開罐頭的聲音一起理解，一邊撫摸貓咪一邊對牠說「你好乖喔」、「你好漂亮喔」，牠們一定會喜形於色，並且覺得自己「深受肯定」。

另外，這個領域雖然尚未出現研究成果，不過人類平時如果能多加稱讚，說不定貓咪就會常保美麗外表，延年益壽呢。

貓咪與人的「幸福荷爾蒙」

科學證實，與寵物一起生活可以讓人類常保心理健康，因為人類可以從動物身上得到療癒。

因壓力而導致自律神經失調的人只要與貓咪一起生活，就能夠減輕壓力，有的人甚至因此恢復健康。在輕撫貓咪身體或是對貓咪說話時，可以刺激被稱為「幸福荷爾蒙」的催產素分泌，藉此消弭不安並從中得到幸福感。這就是動物療法。

而願意讓人撫摸、得到人疼愛的動物，牠們的「幸福荷爾蒙」分泌量也會增加。壓力不但減少了，精神更是充沛飽滿。不用說，貓咪的毛髮也會變得光鮮亮麗，雙眼更是炯炯有神。

換句話說，有貓咪陪伴在身旁的日子，正是「人與貓互相分享快樂的幸福時光」。

忍不住想要炫耀的被毛

洗臉也是我的工作喔。

吃午餐前要先整理儀容。

不知不覺就同步洗臉了。

放心，交給我吧。

鼻子皺起來了。

腳尖也要舔乾淨喔。

I am proud of my coat.

我在埋伏。

每一根貓爪都要舔乾淨。

我不怕剪爪子喔。但也別把我弄疼。

好涼、好舒服喔。

毛太長了，每次舔毛都是一項大工程。

老舊角質走開！

也有一些貓咪
愛洗澡喔

不需勉強貓咪洗澡

　　貓的祖先（非洲野貓）生活在沙漠地帶，所以基本上牠們並不喜歡把自己弄濕。許多貓咪只要一聽到「洗澡」或是「沖澡」就會立刻奪門而出，但是也有貓咪動不動就想要洗澡。

　　其實貓咪並不是怕水，而是突然毫無緣由地被人弄濕身體，讓牠們頓時自尊心受到傷害而難過不已。

　　沖澡的話可以連同廢毛一起沖洗乾淨，自己身上的氣味也會變得不同。但是洗完澡之後，如果拿著吹風機硬是要幫貓咪把毛髮吹乾的話，只會讓貓咪心生恐懼，第一次洗澡就嚇得牠「全身抖個不停」，所以很多貓咪才會堅決不肯洗澡。

　　如果貓咪全身緊繃僵硬，抵死不從

的話，那就不要勉強牠洗澡了。

有的貓咪反而愛泡澡

　　如果從小開始就讓貓咪泡澡的話，幫牠洗澡時通常都會很順利。而且有的貓咪長大之後，反而會因為想起洗澡水溫暖舒適的感覺，而與飼主一同悠閒泡澡呢。不過這些應該與飼主幫貓咪洗澡的訣竅以及是否投緣有關。

　　所以不要受「貓咪討厭洗澡」這個成見影響，先讓貓咪練習入浴，習慣溫水吧。

　　不過就經驗來講，絕大多數的貓咪都非常討厭把身體弄濕就是了。

如何維持亮麗蓬鬆的被毛

　　貓咪這種動物就算一輩子都沒有洗

這樣會變乾淨嗎？

待在乾浴缸裡比較安心。

這就是洗澡嗎？

澡，被毛與皮膚依舊能保持乾淨，而且不會散發出讓人想要遠離的體臭。至於幫貓咪洗澡這件事，就只會發生在人類看到貓咪外出回家後身上沾滿髒汙，或是想要讓被毛看起來更加亮麗的時候。其實讓貓咪美麗的被毛保持亮麗蓬鬆有兩大重點。

一是洗澡時最好使用短時間內就能幫貓咪洗好澡的貓用雙效洗毛精，因為這裡面所含的護髮成分可以讓貓毛更加光滑亮麗，每根被毛都會覆上一層保護膜，這樣在梳毛時不但不會摩擦生電，還能讓毛髮保持乾爽，充滿光澤。有些洗毛精的護髮成分會對不同長度的貓毛產生不同的效果，例如可以讓長毛貓的毛變得更加蓬鬆，短毛貓的毛變得更加光亮。

維持被毛狀態的另外一個重點，就是提供品質優良的食物。

要讓貓咪從品質優良的肉或魚中，攝取動物性蛋白質這個重要的營養素。至於貓飼料，最好是選擇添加物較少或是無任何添加物、穀類含量少的低碳水化合物，不然就是不含任何穀類、維生素與礦物質含量豐富的飼料。

善用乾洗劑

如果不想把貓咪的身體沾濕，又想幫牠把被毛與皮膚清理乾淨的話，可以選擇乾洗劑。這個方法非常適合漸漸不再梳理貓毛的高齡貓。不過購買時要記得挑選就算貓咪舔食也安全無虞的成分（植物性成分）。

● **液狀**：將被毛沾上乾洗液搓揉，去除汙垢與異味後梳整貓毛，最後再用乾毛巾擦拭即可。

● **泡沫狀**：適合想將貓咪全身清洗乾淨的時候。將泡沫搓揉至貓毛裡，去除汙垢與異味之後，再用毛巾擦拭即可。

● **粉狀**：適合非常討厭把被毛弄濕的貓咪。先將乾洗粉撒在貓毛上，搓揉之後再用梳子梳理即可。每一根毛都會形成一層保護膜，以防沾上汙垢。

我不討厭水喔。

你還小，就在這裡洗吧。

好清爽喔。

發現時就順手幫牠清理一下

接下來要介紹平常可以隨時為寶貝貓咪做的一些清理工作。
記得要一邊跟貓咪說話，一邊檢查嘴巴周圍與耳朵內部，
細心溫柔地幫牠清理一下喔。

貓痤瘡（貓粉刺）

貓咪的下巴如果出現黑黑紅紅的小顆粒，那就是俗稱貓粉刺的貓痤瘡。下顎前端皮脂腺分泌的皮脂因為沾在貓毛上，所以看起來會讓人以為是沾上黑色細砂。不過這種症狀可能會引起細菌感染或是搔癢，情況若是不嚴重，不妨用熱水為貓咪擦拭，但是盡量不要用力搓揉。

眼屎

讓人非常在意的眼屎就趁貓咪放鬆時，一邊對牠說話一邊順手擦拭。這時可以用沾上溫水的紗布或是棉花棒，一點一點地幫牠清乾淨。如果要點眼藥水的話就用手指將藥水瓶遮住，從貓咪頭部的後方偷偷幫牠點藥水。在眼藥水滴落之前貓咪都沒有發現的話，那麼你就可以號稱達人了。

耳垢

貓咪的耳朵如果不是很髒，其實不用特地幫牠清理。如果有點明顯，就用棉花或是棉花棒幫牠清一下。萬一有異味，就用極少量的清耳液幫牠擦拭，但是要注意力道，以免傷害外耳。為了避免貓咪暴動，清理時盡量不要用力壓住貓咪。

清到這裡。

長毛貓的毛髮護理

幫貓咪梳毛的基本方式，就是要順著貓毛的生長方向梳理。腹部、腋下與尾巴非常容易打結，因此要用齒梳慢慢地梳開。基本上每天都要幫貓咪梳毛，而且每3天還要做1次全身的細心梳理。洗澡方面每個月頂多1次，1年只洗2~3次也無妨。貓毛打結如果沒有處理的話會變成毛球，所以洗澡前一定要先幫牠梳毛。小毛球用齒梳，大毛球的話用電剪，盡量不要用剪刀處理。

麻煩你了～

Neko Medical

健康篇

貓咪健康不可少

與及早發現疾病有關的

7個約定

就算每天生活在一起，若是疏於親密接觸與心靈交流，
寶貝貓咪出現異狀就會難以察覺，所以我們一定要牢記以下這7項
有助於管理貓咪日常健康，而且能夠及早發現疾病的約定，讓貓咪過得長壽健康！

嘴巴不適，身體就容易虛弱

要多幫貓咪檢查牙齦與牙齒，也要注意有沒有流口水。貓咪要是得了牙齦炎就會進食不易，置之不理恐怕會導致膿瘍或內臟疾病。

→ *p.*128

能吃才是健康的泉源

平時若是食慾旺盛，那就沒有問題（但要注意暴飲暴食）。若是突然失去食慾，說不定是身體不適或疾病的初期症狀。

→ *p.*138

體重的增減不容忽視

體重方面，幼貓時期會慢慢增加，步入高齡就會微減。成貓如果體重暴減，極有可能是生病。平常要幫貓咪測量體重，以免過胖。
→ *p.*130

美毛衰弱，可察知異狀

貓咪的被毛應該整潔亮麗。如果失去光澤或是嚴重脫毛，極有可能是身體不適或罹患皮膚疾病。平常在幫牠梳毛時要順便確認。
→ *p.*126

天天確認尿量與次數

尿量與排尿次數的變化，通常可以觀察出是否有泌尿器官方面的疾病，所以貓咪上廁所的時間與尿液的顏色也要多加觀察。
→ *p.*150

及早發現行為異常

除了行為異常與樣子不對勁之外，從耳朵與尾巴動的樣子，甚至是叫聲也可以察覺到貓咪的訴求。平時的觀察與守護非常重要。
→ *p.*134

呼吸急促與發出異臭代表健康紊亂

呼吸急促有可能是肺部與循環器官的疾病，有時還會發燒、畏寒與感到恐懼。口腔若發出異臭，要注意可能是牙周病或內臟疾病。
→ *p.*142

要先做
健康檢查嗎？

寶貝貓咪能夠健康長壽是每一位飼主的心願。
只是，大家有為貓咪做健康檢查嗎？我們往往以為
貓咪年輕有活力的這段期間，身體健康是理所當然的事，
但是隨著年齡增長，再加上不當的飲食習慣、遺傳
以及增齡等因素，各種疾病就會非常容易出現。
其實只要定期為貓咪做健康檢查，
萬一遇到這種情況就能及早發現，及早治療，
讓貓咪更加健康長壽。

健康管理與預防生病

1年1次全身健康檢查

　　1年1次的健康檢查是掌握寶貝貓咪當下的健康情況，以及今後在日常生活中應該注意哪些地方的絕佳機會。

　　貓咪的健康檢查從照鼻鏡開始，一直到尾巴通通都不可錯過，而且還要在病歷上詳細記載體重、體溫、心跳數與呼吸數。接下來就是檢查被毛、眼球、耳道、口腔與牙齒、口臭與牙齦、心跳律動、腹部觸診、膀胱、腫瘤與疼痛，以及走路的模樣。另外再配合醫師的口頭問診，一一確認「貓咪健康不可少」的7項約定。不用說，如果能夠順便檢查血液與尿液、照X光，有需要的話就再進一步做超音波檢查或是電腦斷層掃描檢查（CT檢查），這樣就能夠趁早發現異常狀況了。

健康檢查的主要項目

	幼齡期 3歲以下	成貓期 3～6歲	中年期 7～10歲	高齡期 11歲以上	簡易型
身體檢查	○	○	○	○	○
血液一般檢查	○	○	○	○	○
血液生化檢查	○	○	○	○	○
驗尿	○	○	○	○	○
糞便檢查	○	○			
過敏抗體檢查	○				
X光檢查（腹部・胸部）	○	○	○	○	
X光檢查（手肘・膝蓋）				○	
超音波檢查（心臟・腹部）			○	○	
SDMA（腎功能檢測）			○	○	
果糖胺（FRU）			○	○	
T4（甲狀腺荷爾蒙）				○	

一定要打預防針嗎？

貓咪就算飼養在室內，還是會被傳染的喔

貓咪打預防針的基本知識

貓咪的預防針大致可分為2種。其中一種是適合所有貓咪施打，包含預防貓病毒性鼻氣管炎、貓卡里西病毒感染症與貓泛白血球減少症的三合一疫苗。

相對地，與其他貓接觸機會較多的貓咪，除了上述的三合一疫苗之外，還建議施打包含貓白血病與貓披衣菌肺炎這2種疫苗在內的五合一疫苗。飼主可以根據貓咪所處的生活環境來為牠們施打不同的預防針（請參照下表）。除了上述2種，另外還有貓免疫缺陷病毒（貓愛滋）與狂犬病等疫苗。

就法律而言，貓咪施打預防針並不是義務。不過就算是飼養在室內，不少病菌還是會經由人類傳染給貓咪，可以的話，最好是帶家裡的每隻貓去打預防針（曾有報告指出貓咪因打預防針而得到貓疫苗相關肉瘤，但為數不多）。

何時打預防針？

基本上8週齡大以後，每隔3～4週就要施打1次疫苗，接種次數為2～3次。16週齡大左右盡量接種2～3次。而施打最後一次預防針之後，最好能夠帶貓咪去做抗體檢查，時間方面至少要隔2週。

剛出生的幼貓喝了初乳後，來自母體的移行抗體可以讓牠們具有免疫力。但是到了12週齡大時就會失去來自母貓的抗體，因此幼貓必須在這之前施打預防針。就算是未曾喝過初乳長大的幼貓，也要等到8週齡大時再施打疫苗，並在16週齡大以前，每隔3～4週接種1次疫苗。施打三合一疫苗之後，1年後要追加接種，之後最好能每隔1～3年再施打1次。

貓咪預防針的種類

	三合一疫苗	五合一疫苗	七合一疫苗	單種疫苗
貓病毒性鼻氣管炎（貓皰疹病毒感染症）	○	○	○	
貓卡里西病毒感染症	○	○	○○○	
貓泛白血球減少症（貓傳染性腸炎、貓瘟）	○	○	○	
貓披衣菌肺炎		○	○	
貓白血病		○	○	
貓免疫缺陷病毒（貓愛滋）				○
狂犬病				○

※貓卡里西病毒感染症因為容易突變，所以施打3種疫苗可以加強免疫力。

遇到良醫那更好

真希望能在住家附近找一位
值得信賴的獸醫

如何找獸醫？

可以的話，最好是在住家附近找一位可以「經常就診」的獸醫。

一位好的獸醫（與飼主合不合得來固然有關係）必須具備樂意聆聽、願意不厭其煩地回答問題等條件。對於貓咪的症狀、檢查與治療方法、所需費用，能夠以淺顯易懂的方式來說明，並且在飼主的同意之下進行治療，亦即對於知情同意（Informed Consent）這一點懂得如何拿捏。

第一次找動物醫院時，可以透過周圍的愛貓人士以及貓咪網路群組詢問風評較好的動物醫院。收集好資訊之後，第一次不妨以詢問健康檢查等內容到動物醫院一探究竟。醫院櫃檯的應對、醫院內部的整潔與設備等部分，在某個程度上也能夠當作判斷的基準。

事先準備，回應問診

為了得到相關資訊，獸醫會代替貓咪向飼主問診，詢問貓咪發生了什麼事情，以便釐清問題。因此身為飼主，除了貓咪的年齡、品種之外，還必須正確告知獸醫，貓咪以往的病歷以及主訴內容（什麼時候察覺到貓咪不對勁，有什麼症狀）。

另外，如果是幼貓的話，從什麼地方領養以及之前是在什麼樣的環境之下飼養，這些都是重要的資訊。如果是高齡貓，以往的病歷與檢查結果，以及現在飲食與排泄的狀況都要正確無誤地告訴獸醫。此外，像癲癇發作這類在診療室無法目視的症狀也可以拍成照片或是影片，到動物醫院時順便帶去，這樣獸醫在看診時就能夠派上用場了。

先讓貓咪熟悉外出籠

帶貓咪上動物醫院一定要用外出籠（外出袋）。尤其是搭乘大眾運輸工具時，貓咪沒有裝籠是不能乘坐的。上動物醫院的時候，第一次被關進外出籠的貓咪通常都會極力反抗，如果平常就能夠讓貓咪熟悉外出籠的話，必要時就能派上用場了。平時可以把外出籠打開，放在房間角落或是衣櫥等地方，只要貓咪心血來潮就會跑去窩在裡面。

在動物醫院，獸醫扮演著代替患者（貓咪）的角色，所以飼主一定要正確告知貓咪的症狀喔！

在家也可以幫貓咪檢查健康

在家可以做的健康檢查，其實就是應用「貓咪健康不可少」提到的那7項約定。
就讓我們多加觀察寶貝貓咪，及早發現病症與異狀吧！

「貓咪健康不可少」檢查法

● 嘴巴不適，身體就容易虛弱／檢查牙齦與牙齒

翻開貓咪的嘴唇，觀察黏膜。健康的黏膜呈現粉紅色，如果泛白，有可能是貧血。流口水的話恐怕是貓口炎或是牙齦炎。另外還要檢查有沒有口臭，牙周病的話則要檢查牙齒有沒有搖晃、有沒有牙垢。

● 能吃才是健康的泉源／檢查食慾

貓碗裡的飼料有沒有減少？吃飯的時候是否能夠順利進食？

● 體重的增減不容忽視／定期量體重

體重有沒有突然增加或減少？有沒有肥胖的徵兆？
為貓咪量體重時，建議使用以0.01kg為單位的電子體重計。測量時可以抱著貓咪或是將其關在外出籠裡，之後再扣掉人類或外出籠的重量。

再多一項體溫檢查／事先掌握正常體溫

貓咪的正常體溫約38℃，39℃左右的話是微燒，超過39.5℃就是高燒。如果能夠準備一支10秒就能測出體溫的寵物用體溫計，必要的時候會更方便與安心（夾在肛門裡測量）。

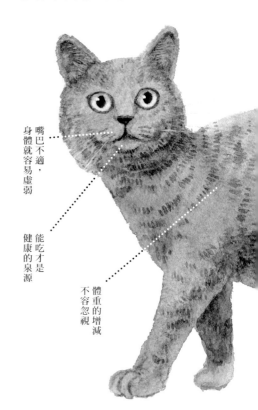

嘴巴不適，身體就容易虛弱

能吃才是健康的泉源

體重的增減不容忽視

● **美毛衰弱，可察知異狀／親密接觸，順便觸診**

有沒有脫毛或是結毛球？皮膚有沒有發炎或是掉皮屑？有沒有跳蚤？一邊撫摸貓咪一邊觸診時，要好好確認貓咪身上有沒有硬塊、腫脹或是疼痛部位。

在皮膚表面看到跳蚤的話

在檢查貓咪的身體表面時，如果皮膚表面出現跳蚤屎，就代表貓咪身上有跳蚤寄生。遇到這種情況可用除蚤梳一隻一隻慢慢清除，或是用除蚤洗毛精將全身的跳蚤洗除乾淨。跳蚤若是快要逃脫的話，可以用沾滿消毒酒精的棉花貼在跳蚤上，將其麻醉，這樣會更好清除。

● **天天確認尿量與次數／仔細觀察尿液顏色**

尿液顏色是否略帶紅色（可能是膀胱炎或尿路結石）？尿量有沒有異常減少或增加？如果能夠準備市面上買得到的驗尿試紙，就可以確認貓咪的尿液是否為中性、是不是蛋白尿或血尿了。

還要順便檢查糞便

貓咪糞便的顏色與味道會隨著所吃的食物而改變。貓咪吃的如果是品質優良的飼料，排泄出來的糞便量會比較少；但如果是預防肥胖的貓飼料，含量豐富的膳食纖維就會讓貓咪排出較多的糞便。有沒有腹瀉、血便或是便祕，這些都要注意。

● **及早發現行為異常／樣子有沒有怪怪的？**

貓咪有沒有出現異常行為或是奇怪舉動呢？像是嘔吐、痙攣、拖行走路、一直窩在廁所裡不出來，這些都要注意。

● **呼吸急促與發出異臭代表健康紊亂／說不定是來自肺部或心臟的警訊**

呼吸會不會急促？呼吸器官有沒有發出怪聲？吐出的氣如果有異臭，那麼有可能是牙周病或是內臟疾病。

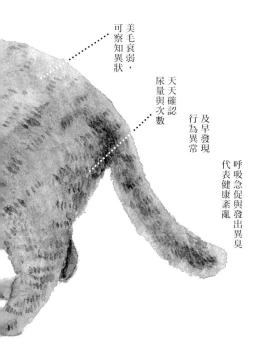

美毛衰弱，可察知異狀

天天確認尿量與次數

及早發現行為異常

呼吸急促與發出異臭代表健康紊亂

貓咪經常罹患哪些疾病？

雖然貓咪變長壽了，
但是生病的機率也增加了

年紀愈大，毛病愈多

貓咪的壽命在室內飼養所提供的安全環境與飲食改善，以及動物醫療的進步之下確實延長了。但是相對地，罹患堪稱生活習慣病的文明病機率也隨之增加了。因此接下來我們要介紹幾種隨著年齡增加，成貓容易罹患的主要疾病與產生的症狀。

● **腎臟疾病**：消瘦、食慾不振、多喝多尿、毛髮失去光澤、出現脫水症狀。

● **肝臟疾病**：食慾不振、毛髮乾燥、出現黃疸。

● **鱗狀上皮細胞癌**：出現在口腔與鼻腔等身體表面鱗狀上皮的癌症。剛開始會以為是皮膚炎或是擦傷，之後範圍會慢慢擴大。

● **糖尿病**：多喝多尿、原本肥胖的貓咪突然暴瘦、尿液發出異味。

● **高血壓**：消瘦、沒有活力、食慾不振、嘔吐、容易便祕。原因有可能是腎臟疾病等其他病症。

● **尿路結石**：血尿、頻尿、尿滯留。

● **牙周病**：不易進食、流口水、口臭。有時還會因為牙周病菌而引發心臟病、肝臟病與腎臟病。

● **甲狀腺機能亢進症**：雖有食慾卻吃不胖、活力充足、多喝、半夜叫不停。

※有關於貓咪的疾病亦可參考P156～159。

生病導致的肥胖要注意

近年來常見因為缺乏運動以及熱量攝取過多而顯得肥胖的貓咪。而肥胖正是導致糖尿病等各種疾病的要因，加上糖尿病又很容易引起慢性細菌感染等併發症，有時還必須長期注射胰島素。另外，心臟病與非老化造成的關節炎通常也是導致肥胖的因素。想要預防就要控制貓咪飲食的熱量，平時也要讓牠多運動才行。

結紮可以預防的疾病

為了避免母貓發情時期的吵鬧與繁殖，這時就要為牠們進行卵巢子宮摘除手術。結紮手術不僅能解決繁殖問題，就預防獸醫學的立場來看，對貓咪其實也是有好處的。母貓6個月大的時候如果接受結紮手術，乳腺瘤的發生率就會降低91%，而且膿狀物質蓄積在子宮內的子宮蓄膿情況也不會出現。公貓結紮（摘除睪丸）的話，隨處噴尿、使得家裡到處都是尿騷味的行為就會銳減。不僅如此，結紮還可以讓貓失去戰鬥心，公貓之間不再爭吵，如此一來就能減少貓咪因為唾液感染貓免疫缺陷病毒（貓愛滋）的機率了。

體質像媽媽？

遺傳性疾病就是會比較多

品種貓要注意遺傳性疾病

常聽到有人說雜種貓的身體比較健康，品種貓比較容易生病，其實這兩者根本就沒有什麼差異。我所監修的《ご長寿猫に聞いたこと（長壽貓告訴我的事）》（日貿出版社）這本書就曾經提到，18歲以上的高齡貓當中，有80.7%是雜種貓。但是這個數字，其實與整體家貓中所飼養的雜種貓比例幾乎是一樣的。也就是說，不管是雜種貓還是品種貓，都是一樣長壽的。但是就實際情況來說，母貓的壽命通常比公貓還要長，而且比例大約是6比4。

問題在於品種貓帶有許多遺傳性疾病，因為這是人類為了強調貓咪的某種體型以及毛髮花色而讓其近親交配得來的。正因如此，品種貓才會如此容易罹患遺傳性疾病。就連寵物保險在設定保險費時，也會特地說明如果貓咪先天就有異常症狀或是遺傳性疾病，就會被排除在理賠範圍之外。

不同貓咪品種要注意的疾病

貓咪的品種不同，可能罹患的遺傳性疾病也會有明顯的差異，當中最容易罹患遺傳性疾病的就是蘇格蘭摺耳貓。牠們的外觀特徵，也就是向前屈摺的耳朵形狀是骨骼異常所造成的。不只是耳朵，牠們的身上還經常出現軟骨發育不全這種與骨骼以及關節有關的疾病。

下表列出的是各個貓咪品種容易罹患的遺傳性疾病，但是這並不代表每一隻品種貓一定會遺傳到這些疾病並且發作。不過飼養時還是先掌握這些資訊，可以的話，建議定期帶貓咪到動物醫院檢查。

各個貓咪品種容易罹患的遺傳性疾病

• 蘇格蘭摺耳貓	常出現軟骨發育不全（關節、骨骼與軟骨出現異常）。
• 緬因貓 • 布偶貓	容易罹患肥大性心肌病（容易引起心臟衰弱或血栓栓塞）。
• 波斯貓 • 喜馬拉雅貓	可能引發多囊性腎病變（腎臟長出許多囊腫，進而引起腎衰竭）。
• 暹羅貓 • 波斯貓 • 阿比西尼亞貓	常見貓齒重吸收病（牙根斷裂，牙齒容易掉落）。

媽媽得的病
我也會得嗎？

最好記住
可能性很高，
所以定期做健康檢查
很重要喔！

可能傳染給人的疾病

要注意，別太常接觸貓咪喔

預防人畜共通傳染病

　　寵物傳染給人類的疾病稱為人畜共通傳染病（Zoonosis）。報告指出，這種傳染病在日本約有30種，當中來自於貓咪的傳染病有貓抓病、弓蟲症與狂犬病，2016年甚至有女性因為得到潰瘍棒狀桿菌傳染病而死亡。人畜共通傳染病之所以受到注意，原因在於將貓咪飼養在室內的人口愈來愈多，而與貓咪密切接觸的機會也增加了。

　　若是想要預防，就必須注意以下這幾點。①保持飼養環境與貓咪身體的清潔。②定期帶貓咪做健康檢查。③盡量不要親吻貓咪或是把食物咬在嘴裡餵貓咪吃。④貓咪與人的餐具不共用。⑤貓咪糞便要妥善處理，只要接觸到貓咪或糞便就要隨時洗手。

來自動物的可怕疾病

其中最令人生畏的，就是致死率高達100%的狂犬病。包含人類在內，只要是哺乳類幾乎都會感染上狂犬病毒。1957年，日本國內曾經通報有貓咪感染狂犬病，儘管自此之後未曾發生過，但是全世界每年還是有5萬人因為染上狂犬病而死亡。不僅如此，最近甚至還有報告指出，因為壁蝨而感染上發熱伴血小板減少綜合症（SFTS）的人不幸死亡的病例。

貓會傳染給人的疾病

　　至於「貓抓病」則是韓瑟勒巴通氏菌（Bartonella henselae）所引起的疾病，通常是因為被貓抓傷或是咬傷而感染的。貓咪之間同樣也會感染，有時則是因為被貓跳蚤咬傷而感染。

　　人類被貓抓傷或是咬傷之後，若是不慎得了貓抓病，過了3～10天左右，腋下或是鼠蹊部的淋巴結就會出現典型的腫脹症狀，有時情況甚至會惡化。

　　雖說在接觸貓咪時不需太過於神經質，而且家貓的保菌率只有10%，但是在戶外生活的貓咪，保菌率卻是家貓的3～4倍。

　　為了避免被傳染，一旦被貓咬傷或是抓傷就要立刻消毒，不要隨意靠近流浪貓，同時還要徹底驅除跳蚤。

　　「弓蟲症」是以貓為感染源，這種寄生蟲病的弓蟲會寄生在哺乳動物、鳥類與家畜身上。感染時通常不會出現症狀，但是懷孕初期若是不慎感染的話，恐怕會對胎兒造成影響。貓咪帶有弓蟲原蟲的比率約1%，因此糞便要勤加清理，同時也要多洗手，以免感染。

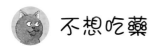
不想吃藥

真希望貓咪能一口吞下……

餵貓吃藥的要領

不管病得有多重，貓咪是不會自己爬起來吃藥的，這時候就只能靠飼主好好地餵牠們吃藥了。不管是人還是貓，在習慣吃藥的這段過程當中，餵藥簡直就是一件比登天還要難的事，但是為了治療又不能不餵。而餵藥的訣竅，說穿了就是不要硬把貓咪拉過來，要悄悄地靠近牠身旁，順手把藥灌下去。如果能在貓咪準備起身反抗之前把藥灌下去，那麼一切就很完美，就連貓咪也會鬆一口氣。

一個人餵貓咪吞藥丸的方法

①將貓咪橫抱，用腋下與手肘輕壓，慣用的那隻手則拿著藥丸。

②用另一隻手抓住貓咪的兩頰（頰骨附近），使其仰頭。此時貓咪會因為下顎被抓住而反抗。

③將慣用手的其他手指放在貓咪的下排前齒上，拉開嘴巴，瞬間丟入藥丸。丟的時候要盡量讓藥丸掉在「舌頭後方的正中央」，不要丟進喉嚨裡。

④將貓咪的嘴巴合起，使其仰頭一段時間，待貓咪舔舌即表示完成。

餵藥的訣竅就是要在瞬間完成這一連串的步驟。失敗的話，貓咪就會急著把藥吐出來。這個時候可以餵貓咪喝1小匙（5cc）的水，以免藥丸黏在喉嚨或是食道上。如果是藥粉的話，就用微量的水調勻之後倒入針筒，從犬齒後方的縫隙慢慢注入即可。

餵貓吃藥的小技巧

貓咪若是抵死不肯吃藥的話，那就把藥倒在牠最愛吃的食物、食材，或是液狀零食（例如CIAO啾嚕肉泥）裡，也可以試著與奶油以及優格拌和。

另外一個方法就是把藥粉或是藥丸搗碎，與肉泥混拌之後塗抹在鼻尖上，這樣就可以讓貓咪把藥舔乾淨了。

此外還有用來輔助投藥的果凍，以及愛咬人的貓咪非常適用的投藥器。餵藥還不是非常順手的時候，不妨利用布偶多加練習。不過藥的形狀琳瑯滿目，除了病況之外，餵藥方式也要記得多向獸醫請教。

記得要連藥一起舔喔！

處方飼料不合胃口

最近處方飼料的適口性也改進許多了

以獸醫的診斷與處方為優先

幫貓看病的獸醫為了改善病狀而下處方的飲食內容，稱為處方飼料。處方飼料裡所含的成分可以防止病情惡化，同時守護內臟。

處方飼料通常是以糖尿病、皮膚疾病、消化器官疾病、肝臟疾病、腎臟疾病、貓下泌尿道症候群、心臟疾病與肥胖等疾病為主，特徵就是增加可以改善病情的成分，減少會導致惡化的成分。當中的成分若是有誤，反而會讓病情惡化，所以最好的方法就是聽從專家指示並請對方開立處方。

1980年代日本在尚未進口處方飼料之前，都是由獸醫與飼主配合疾病為貓咪準備飲食。然而天天都要這麼做實屬不易，就算可以，做的也不是很完美。儘管效果不錯，卻也讓人深切感受到飲食在改善病情這方面的重要性。

讓貓咪改吃處方飼料的訣竅

然而貓咪若是不肯吃處方飼料，那就沒有任何意義可言。過去處方飼料往往給人難吃的印象，不過近來在風味與口感上花了不少心思，美味程度也大幅提升，深深贏得貓咪青睞的處方飼料甚至有愈來愈多的趨勢。

在接受獸醫指導如何餵食時，不少飼主都會猶豫是否該讓貓咪完全改吃處方飼料，其實如果能一口氣轉換的話，那當然是再好不過了。畢竟有不少貓咪對於從未嘗試過的食物通常都會非常好奇，而且還會吃得津津有味。

但是貓咪如果不肯吃，那就將處方飼料一點一點地混入以往的食物當中，之後再慢慢增加處方飼料的比例，並且花1週的時間完全轉換過來。在轉換的

各式各樣的處方飼料

目的不同的處方飼料，必須遵照專業指示才能夠完全發揮功效。（照片：山與溪谷社編輯部）

過程中，如果貓咪又開始不吃，那就不要再提高混合的比例。畢竟貓咪對於限制蛋白質分量的飲食，有時還是會提不起食慾的。

另外，零食類固然可以促進貓咪的食慾，但是像柴魚片裡因為含有較多的礦物質，罹患貓下泌尿道症候群的貓咪就不適合在處方飼料中添加柴魚片。

門外漢判斷的處方並不安全

處方飼料吃習慣之後，飼主就會有一股衝動，心想「點心也給貓咪吃一點吧」。雖然可以理解這種想法，但是好不容易才讓貓咪習慣處方飼料，這麼做豈不一切都白費了？因此，處方內容與餵食方式一定要嚴格遵守獸醫的指示。雖然現實生活當中，透過網路就能輕易買到處方飼料，但是如果請可靠的獸醫繼續為寶貝貓咪看診，卻沒有好好遵守

有關處方飼料的指導，這樣只會危害到貓咪的身體。

舉例來說，肝臟疾病的處方飼料通常都會限制蛋白質。但如果是慢性肝臟疾病的話，因為肝臟功能尚未退化，其實是不需要限制蛋白質的攝取量，因為這麼做反而會讓貓咪缺乏蛋白質。腎臟疾病的處方飼料，在限制蛋白質攝取量的同時，脂質的量卻提高了。可是脂質一高就很容易造成肥胖，恐怕會帶來糖尿病。

為了避免肥胖，糖尿病的處方飼料通常會限制脂質，同時富含高蛋白質。至於貓下泌尿道症候群的處方飼料，則是會特地調整鎂之類的礦物質含量。這些都要經過醫生診斷才能夠下處方，單靠門外漢的判斷只會對貓咪造成危險。

這個要一直吃嗎……？

如果你不聽從我的指示的話。

打噴嚏和流鼻水

看起來和平常不太一樣，有點怪怪的。

產生這種感覺時，就代表貓咪的身體可能出現了變化。

這可能只是一個小毛病，也有可能是生病的徵兆。

所以只要看到貓咪打噴嚏或流鼻水，我們不該輕忽它，

而是要擔心貓咪是不是感冒了，立刻帶牠去醫院。

身為飼主應該要多加留意貓咪的細微變化，才能維護貓咪的健康。

檢查外表有無異狀

貓咪呼吸時相當貼近地板

貓咪與人類一樣，一旦吸到充滿塵埃的髒空氣，噴嚏就會打個不停。「哈啾！」被自己的噴嚏聲嚇到的幼貓模樣真的很可愛。如果是只打1～3次就結束的可愛噴嚏，應該是灰塵、刺激性臭味與煙霧等物質刺激鼻黏膜而產生的反射性動作，並不需太過擔心。

但是，貓咪通常都是在幾乎貼近地板的高度呼吸，所以我們一定要勤於打掃家裡，並且牢記盡量不要讓灰塵、掉落的貓毛以及塵蟎遍布室內。

切勿忽視小症狀

如果貓咪噴嚏一直打個不停，鼻水也流了好幾天的話，說不定是得了鼻炎或是所謂的「貓感冒」。如果是過敏性鼻炎，那麼就有可能是家裡的灰塵、跳蚤與蝨子，或是花粉造成的。若要釐清原因，就要帶貓到醫院抽血檢查。

病毒或細菌感染所引起的貓感冒若是置之不理，貓咪恐怕會因為病情漸漸惡化而衰弱，所以要趁早就醫診察，絕對不可以把這種情況視為人類的小感冒而輕忽大意。

貓感冒是什麼樣的疾病？

類似人類的感冒，但卻是一種可怕的疾病

不可以小看貓感冒

所謂的「貓感冒」是指貓病毒性鼻氣管炎（Feline viral rhinotracheitis，FVR）、貓卡里西病毒感染症（Feline Calicivirus infection，FCV）與貓披衣菌肺炎（Chlamydophila felis）這3種疾病的總稱。

主要症狀是上呼吸道感染症，貓咪會出現打噴嚏、流鼻水與發燒等現象，與人類的感冒很像。但是體力較差的幼貓要是感冒的話，情況通常會變得很嚴重，甚至會危害性命，千萬不可以疏忽大意。

貓感冒的症狀特徵

不管貓感冒是由什麼病毒或是細菌引起的，共同症狀都是打噴嚏、流鼻水與發燒，而每種感染病毒的症狀也各有特徵。

● **共同症狀**：打噴嚏、流鼻水、沒有食慾、發燒。

● **貓疱疹病毒感染**：角膜炎、結膜炎、眼屎。

● **貓卡里西病毒感染**：貓口炎、舌炎、流口水。

● **貓披衣菌感染**：支氣管炎、肺炎、角膜炎、結膜炎、眼屎。

置之不理會日趨嚴重

貓咪一旦感冒就會吃不下飯，漸漸失去活力，打了噴嚏之後，樣子看起來會非常不舒服。

若是感染貓疱疹病毒，眼角膜與結膜也會被傳染，而且發炎之後上下眼瞼還會黏在一起，讓眼角膜變得白濁。體弱的幼貓特別容易出現這種症狀，不僅會漸漸失明，而且還會留下鼻淚管阻塞這個後遺症。

一旦感染貓疱疹病毒與貓卡里西病毒，眼睛就會大量分泌出黃色或是黃綠色的黏稠眼屎，有時甚至會多到眼睛整個被黏住而張不開（關於眼屎請參照下一個項目）。感染時病毒一旦與細菌結合，不僅會加重病情，眼睛到鼻子周圍還會因為發炎而潰爛。

棘手的是，病毒性感冒只要感染上一次，就算康復，病毒依舊會附著在神經細胞上，一輩子成為帶原者。

至於鼻炎則是會慢性化，當貓咪的免疫力與體力低落時，相同症狀恐怕會再次出現。

但是只要貓咪的飲食正常、增加體力，並提升免疫力的話，就能夠抑制感冒復發。

在戶外與其他貓接觸要注意

得到貓感冒的貓咪所帶的病菌會透過打噴嚏或是唾液等飛沫傳染給其他的貓,所以家裡的貓如果在外面與其他貓咪接觸的機會很多,就會非常容易被傳染。另外,貓碗共用也會傳染感冒,所以飼養多隻貓咪時,要是其中一隻得到感冒,過沒多久其他貓咪就會被傳染。

就算是完全飼養在室內的貓咪也未必100%安全。因為飼主要是在外面觸摸感冒的貓咪,就會把病毒帶回家中。所以要記住,只要摸了貓咪就一定要洗手消毒。因為我們的衣服或是鞋子極有可能沾上感冒貓咪的鼻涕與口水,然後就這樣帶回家。加上貓咪對於這些陌生的氣味非常好奇敏感,往往將鼻子貼近嗅聞,這樣恐怕會不慎接觸到病毒。

打預防針,以免感冒

預防貓感冒最有效的方法就是接種疫苗。像是三合一疫苗,就包含了貓病毒性氣管炎(貓疱疹病毒感染症)與貓卡里西病毒感染症的疫苗,如果是五合一疫苗,還包括了貓披衣菌肺炎。

不僅是可以自由外出的貓咪,我們也曾提到,就算是飼養在室內的貓咪也可能被傳染感冒,所以最起碼要讓貓咪施打三合一疫苗,以防萬一。

前往動物醫院接受治療時,首先要進行的是特定病毒的檢查,如果是貓卡里西病毒(貓杯狀病毒)的話,就要施打抑制病菌滋生的貓源干擾素(Feline Interferon, feIFN);如果是貓披衣菌肺炎的話,就要給予抗生素。

聽說是感冒,好可怕喔!

體弱的貓咪想要治好感冒其實是很辛苦的。所以一定要打預防針。不過貓感冒與人類的感冒是不一樣的,所以不用擔心會被人類傳染喔。

123

被主人說我有眼屎

擔心貓咪有眼屎的飼主還真多呢

看到眼屎要先注意顏色

貓咪雖然會洗臉，但有時還是會沾上眼屎。因為貓咪自己看不到，所以周圍的人才會比牠們還在意。在做問卷調查之際，飼主在填寫「確認健康狀態的基準」或「寶貝貓咪令人在意的地方」這個項目時，「眼屎與眼睛狀態」這個答案一定會榮登前幾名。

看到眼屎，我們第一個要先觀察顏色。如果是褐色或是淺褐色的話表示正常，略呈白色的話代表外傷，若是帶有淚水的話，通常是過敏性結膜炎所造成的眼屎。

黃色或是黃綠色、帶有黏性的眼屎極有可能是貓感冒（請參照前項）所造成的，也有可能與會引起肺炎的黴漿菌（Mycoplasma）有關。如果眼屎是因為這些疾病造成的話，不到3個月大的幼貓，身體狀況通常會因而迅速衰弱，必須立刻就醫診察。

有時會淚眼汪汪

貓咪的淚眼指的是溢淚症。如果是因為角膜炎與結膜炎而導致淚水過度分泌，淚小管或鼻淚管就會阻塞，使得淚水無法從鼻子排出而滿溢。有時可能還要在診察室等貓咪的情緒穩定下來後，再進行鼻淚管腔灌洗治療。

偶爾會聽到有人說貓咪是因為難過而落淚，但其實貓咪是因為生病而溢出淚水，並不是出於感情而流淚。

不過像喜馬拉雅貓與波斯貓這種臉部扁平的貓種，因為牠們的淚水不易從鼻淚管排出，所以會沾在眼皮上，並在眼頭周圍的貓毛上留下汙垢。這些汙垢若不清除，久了就會變成淚痕，讓眼頭周圍的毛變色。所以當我們看到貓咪有眼屎時，要記得用沾上溫水的棉花或是淚痕清除液幫牠們擦乾淨。

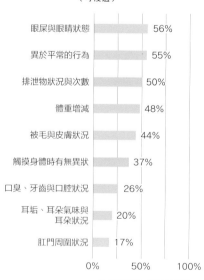

在為寶貝貓咪檢查健康時
參考的標準是什麼？
（可複選）

眼屎與眼睛狀態	56%
異於平常的行為	55%
排泄物狀況與次數	50%
體重增減	48%
被毛與皮膚狀況	44%
觸摸身體時有無異狀	37%
口臭、牙齒與口腔狀況	26%
耳垢、耳朵氣味與耳朵狀況	20%
肛門周圍狀況	17%

※「寵物總研」問卷調查報告

我幫你舔乾淨喔。

白色眼膜跑出來了

「我們家的貓，眼睛有一層膜。」一聽到有人這麼說，就知道那隻貓咪的「瞬膜跑出來了」。

貓咪的眼頭部分有一層可以保護眼球的白色膜狀物體，稱之為瞬膜（第三眼瞼）。只要閉上眼睛，瞬膜就會跑出來，但是睜開眼睛後又會縮回去。平常我們並不會看到瞬膜，只有在貓咪剛睡醒時才會看到一點。另外，貓咪處於麻醉狀態時也會看到，可見瞬膜與肌肉收縮有關係。

這片瞬膜如果一直都沒有縮回去，就代表貓咪可能因為某種因素而身體不適。如果是眼睛外傷的話，只有一邊的瞬膜會跑出來；但如果是感染寄生蟲，或是其他因素導致身體不適的話，兩邊的瞬膜都會跑出來。另外就是神經所導致的問題，但是這種情況比較罕見。

為貓咪清除眼屎時的注意點

①悄悄從背後靠近。從正面的話貓咪會開始警戒。

②將紗布或棉花沾上溫水之後，輕輕擦掉眼屎。比較脆弱的部位就用棉花棒擦拭。

③擦拭的時候絕對不可以太粗魯，要一點一點慢慢地擦。

④不要使用人類的濕紙巾（因為含有酒精成分，用來幫貓咪擦眼屎的話，皮膚可能會潰爛，滲入眼睛會更糟糕。市面上亦可買到寵物專用的眼睛濕紙巾。

從眼睛就可以看出貓咪的健康狀況嗎？

眼屎會是太多的話就有可能是貓感冒，所以瞬膜是身體發出的SOS喔。

最近毛掉得很厲害

 大量掉毛的時期是固定的

大量掉毛

被毛有兩層構造的貓咪，通常在春秋這2個換毛季就會開始大量掉毛。如果是新陳代謝較差的高齡貓，有時前一年長的絨毛還會整個冒出來，所以平常有空時就要多幫牠們梳毛。

如果貓咪身體某個部位的毛大量掉落，或是因為皮膚出現異狀而導致掉毛範圍一直擴大，就要趁早帶去讓獸醫檢查，找出原因。「貓咪健康不可少」的其中一項約定就是「美毛衰弱，可察知異狀」。如果是身上的某個部位脫毛，有可能是罹患跳蚤過敏性皮膚炎、神經性皮膚炎（又稱舐性皮膚炎，因為搔癢或是壓力而不斷舐舐同一個地方，進而引起皮膚發炎）或是膿皮症（皮膚防禦能力降低，導致細菌入侵滋生，造成化膿而引起病變）。

如果是大範圍脫毛的話，就很有可能是自我免疫系統異常的天疱瘡、荷爾蒙分泌異常的貓對稱性（內分泌）脫毛症，以及庫興氏症候群造成的。

出現宛如粉末的皮屑

皮屑是生理上的新陳代謝，但是如果太明顯的話，則有可能是體質、生病或是蟲子造成的。

另外，室內若是過於乾燥，貓咪皮膚表面的角質就會變得粗糙，這時就要開加濕器來調整濕度。就算是因為壓力或生病導致體力衰落，角質一旦粗糙，皮屑就會增加。如果是高齡貓的話，皮脂分泌會變少，這種情況也會非常容易出現皮屑。

貓蝨（*Felicola subrostratus*）並不會吸血，只會吃貓咪身上的皮屑。但是貓咪臉上的毛如果脫落，而且會讓貓咪感覺到搔癢的話，就很有可能是疥蟲（*Sarcoptes scabiei*）或是布氏姬螯蟎（*Cheyletiella blakei*）寄生在身上。所以在與貓咪親密接觸時，記得一定要好好檢查寶貝貓咪的皮膚狀態。

皮屑好多，看起來好髒喔……

可以偶爾請飼主幫你洗個澡喔。

可促進血液循環的碳酸泉溫水浴聽說非常有效喔！如果你喜歡洗澡的話～

耳朵裡面好像很髒

耳朵會癢是蝨子寄生的警報

耳內醒目的黑色髒汙

除非耳朵真的很髒，否則平常是不需要幫貓咪清耳朵的。就算有少量的耳垢，濕的乾的都不需太在意。

不過連日出現大量耳垢的話，可能就有問題了。如果耳垢乾燥到會讓貓咪抓癢的話，那就是耳疥癬了；如果是濕濕黏黏的耳垢，那就是耳炎。但耳垢如果是土黃色，而且還散發出臭味的話，就有可能是外耳炎了。

出現大量黑色耳垢時，通常是耳疥癬或是皮屑芽孢菌外耳炎造成的。所謂耳疥癬，指的是寄生在外耳道的耳疥蟲造成的，通常會讓貓咪感到搔癢，頻頻甩頭，或是不斷用後腳抓耳朵。這是一種大小約0.2～0.3mm的白色小蟲，通常以黑色耳垢為食。

耳疥蟲的卵會不停地孵化，所以要花1個月的時間定期驅蟲。耳疥癬是幼

貓時期經常會出現的症狀，所以要特別留意。

皮屑芽孢菌外耳炎是會破壞皮膚防禦功能的皮屑芽孢菌這種黴菌（真菌）繁殖之後所引起的發炎症狀，而且還會散發出一股濕濕黏黏的獨特酸臭味。不過這種症狀只要清理耳朵，加強貓咪本身的體力就可以改善。

耳漏來自細菌感染

貓咪耳朵如果流出略微帶有臭味的黃色液體，這種症狀稱為「耳漏」。導致耳漏的細菌性外耳炎，是一種外耳道感染金黃色葡萄球菌與綠膿桿菌等細菌的疾病。

用力替貓咪清耳朵會傷到外耳道；而幫貓咪洗澡時若是耳朵進水，就會引起發炎。如果是會對食物過敏的貓咪，要是不小心吃下過敏原的食物，耳朵內部就會引起發炎；萬一感染到細菌，就會演變成外耳炎。

貓咪有時會拚命甩頭，這是為了利用離心力甩出耳中的異物。但原因如果是耳疥癬的話，貓咪就會更加激烈且頻繁地甩頭。即使是外耳炎，只要發炎情況變得嚴重，貓咪也會忍不住甩頭。對貓咪來說，耳朵是非常敏感的器官，若是出現異常，最好能夠及早發現。

幫貓咪清理耳朵的注意點

①不要硬抓住貓。強迫牠清耳朵的話，以後看到要清耳朵就會逃開。

②少許汙垢可用溫水將紗布或棉花沾濕，擰乾之後迅速擦拭，盡量不要讓水分殘留在外耳道上。

③使用清耳液時先輕輕拉開耳殼，滴入清耳液→搓揉耳朵根部，並且聽到咕啾咕啾的水聲→耳垢泡軟浮起→用脫脂棉吸取水分，輕拭乾淨。

牙齦好像腫腫的

「貓咪健康不可少」的第一項約定是「嘴巴不適，身體就容易虛弱」。
也就是說，貓咪健康長壽的關鍵在於口腔健康。
接下來讓我們牢記口腔內部的檢查與護理方法吧。

健康篇

PART
2

檢查外表有無異狀

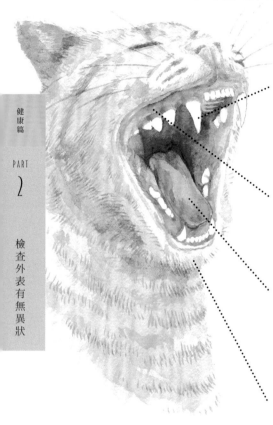

如何幫貓咪檢查口腔

①牙齦有沒有腫起？
　牙齒有沒有搖晃？

仔細觀察牙肉、牙齒與舌頭，看看有沒有出血、腫起、牙周病或牙齦萎縮、牙垢囤積、牙齒搖晃與掉落。

②黏膜是不是漂亮的粉紅色？

翻開嘴唇，觀察黏膜。健康貓咪的黏膜是粉紅色的，如果泛白的話，有可能是貧血；呈黃色的話，則有可能是黃疸。

③口腔臭味強不強烈？

打開貓咪的嘴巴，聞聞看有沒有令人不悅的味道。氣味如果非常強烈，就有可能是牙齦炎、牙周病，或是肝臟以及腎臟等疾病。

④有沒有流口水？

流口水的話，可能是貓口炎或牙齦炎。貓口炎是因為口腔內部遭到細菌感染或是免疫系統異常所造成的。如果有腫瘤的話，異物感會讓貓咪口水直流，有時甚至還會因為疼痛而無法進食。

用牙刷幫貓咪刷牙時
要趁機幫牠檢查口腔。

掌握牙周病的症狀

牙周病是綜合牙齦炎與牙周炎兩者的病症。一旦牙垢與牙結石囤積,口腔衛生狀況變差的話,牙肉組織與牙周組織就會發炎。萬一細菌從牙肉進入體內就會引發腎臟等內臟疾病。

牙肉一旦疼痛,貓咪的頭就會歪歪的,並且只用其中一邊的牙齒吃東西,感覺進食相當困難。貓咪的牙齦若是出血或腫起,而且唾液變多的話,嘴裡會一直發出嘰咕嘰咕的聲音。這時貓卡里西病毒、貓疱疹病毒,或是貓愛滋等病毒若是從牙齦入侵的話,同樣也會引起牙齦炎。

察覺嘴角有異狀時

貓咪嘴角的皮膚如果出現發紅或是搔癢現象,有可能是因為接觸塑膠碗造成的接觸性過敏。遇到這種情況,要立刻把貓碗換成不鏽鋼、玻璃或是陶瓷材質。另外,上唇也有可能出現會形成紅色無痛性潰瘍的嗜酸性球性肉芽腫,甚至讓人擔心是不是受傷了。其實這種疾病只要好好改善貓咪體質,並且搭配使用消炎藥就可以治癒。不過消炎藥用塗抹的話,貓咪通常都會去舔,所以治療時還是以內科方式為主。

如何幫貓咪刷牙

貓咪還小時讓牠們習慣刷牙固然不錯,但是有些不喜歡刷牙的貓咪根本就是抵死也不肯張嘴。因此要循序漸進,千萬不要霸王硬上弓。

①剛開始先與貓咪親密接觸,撫摸牠的嘴角,讓牠習慣被人摸嘴巴。

②翻開嘴唇,讓貓咪習慣飼主使用手指觸摸牠的牙齒。在貓咪可以接受的範圍內,從門牙摸到臼齒(否則會被咬)。

③當貓咪習慣讓人觸摸牙齒之後,將紗布指套刷稍微沾濕,試著刷洗牙齒表面。

④順利完成這個步驟之後便可改用牙刷。拉開貓咪的嘴巴,刷洗牙齒與牙齦。刷牙時將牙刷沾上少許水即可,也可以用貓用牙膏。

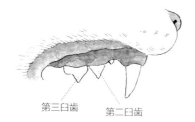

第三臼齒　　　第二臼齒

牙結石主要附著在上顎的「第二與第三前臼齒」之間(掀開嘴唇側邊便可看到),所以這個部分的牙齒是刷牙的第一個重點。可以的話盡量每天幫貓咪刷牙,以免牙垢囤積,同時牙肉也要輕輕刷洗。

做好牙醫的工作嗎?

除了清除牙垢、牙結石與牙周炎之外,還會幫貓咪以柔柔搖動的方式,並用超音波與研磨方式去除大塊牙結石喔!

129

突然暴瘦、暴胖

遇到變胖時要特別留意

觸摸身體，檢查看看

在「貓咪健康不可少」當中，有一項約定提到「體重的增減不容忽視」。可見養成替貓咪量體重的習慣，在梳毛與親密接觸時用手觸摸貓咪全身是一件非常重要的事情。像是摸到脊椎與骨盆突起處時若是覺得凹凸不平，或是可以清楚摸到每一根肋骨的話，就代表貓咪過瘦。相反地，如果貓咪變胖的話，渾圓的體型與厚實的脂肪一摸就可以感受得到。

貓咪突然暴瘦，有可能是因為貓口炎與牙齦炎等疾病導致牠無法進食，不然就是內臟出了毛病。遇到這種情況，最好趁早就醫診療。

1天的飲食要適量

貓咪跟人一樣，只要每天經由飲食攝取的熱量超過一整天所消耗的熱量，貓咪就會愈來愈胖，攝取的熱量如果低於1天消耗的熱量，則會愈來愈瘦。每天餵食的基本分量通常都會寫在飼料的包裝上，但是貓咪的活動量往往會隨著年齡與環境而改變，所以我們必須定期幫寶貝貓咪量體重，以便算出適當的飲食分量。

計算貓咪1天需要的熱量

先算出「RER（Resting Energy Requirement，寵物靜止能量需求）」。這是「貓咪在靜止休息時所需的能量」，算式如下。

$$RER = 30 \times (體重kg) + 70$$

算出「RER」之後，再乘以每一個發育階段的係數（需求因子），就能夠算出「DER（每天的能量需求）」了。每個發育階段的係數如下：

1歲以上未絕育	1.4×RER
1歲以上已絕育	1.2×RER
傾向於肥胖	1.0×RER
減重中	0.8×RER
成長期	2.5×RER
懷孕中	2.0×RER
哺乳中	2~6×RER
老年期	1.1~1.6×RER

以體重4kg的1歲（成長期）貓咪為例

RER是30×4＋70＝190
那麼DER就是係數2.5×190＝475Kcal

這樣就能夠算出目前餵食的貓飼料大約是幾克，進而決定1天的供給量。

肚子圓滾滾的固然可愛，但是這樣好嗎？

超過理想體重120％就算肥胖

有愈來愈多貓咪因為飼養在室內而運動不足，導致體型漸趨肥胖。所謂肥胖指的是「超過正常體重（理想體重）120％的體型」。而這個正常體重通常是貓咪1歲時的體重，所以在滿1歲的這天只要記錄貓咪的體重，另外再從正上方與側面各拍一張照片，日後就能夠當作「過瘦・過胖」的判斷基準了。

另外，我們也可以利用BCS（Body Condition Score）體態評分表，也就是從貓咪現在的體重算出理想體重（請參照表格）。以體重6kg的貓咪為例，如果牠的體型是「摸不到肋骨，看不到腰身」的話，那麼就是屬於BCS的第5階段，也就是超過理想體重125％的肥胖狀態，6kg÷1.25＝4.8，所以這隻貓咪的理想體重是4.8kg。

每週減重1％

我們已經知道肥胖不僅會罹患糖尿病，還會提高脂肪肝、口腔疾病、關節炎與皮膚病等疾病的風險。

倘若我們已經判斷出寶貝貓咪屬於肥胖體型，在為牠減重時，不妨以每週減少1％的體重為目標。

貓咪的體重如果是6kg，那就是每週減少約0.06kg（60g），以慢慢減少體重為目標，而不是急著幫牠減重。此時我們可以減少貓咪1天攝取的總熱量，並且搭配能夠解決肥胖問題，同時又耐餓的處方飼料。另外，花一些巧思增加貓咪待在室內的運動量（請參照生活篇PART 3）也同等重要。光是增加5分鐘的遊戲時間，情況就會明顯不同。就算對貓咪來說是多餘的照顧，但這麼做都是為了牠的健康著想。

BCS體態評分表

BCS 1	**過瘦** 低於理想體重的85％		脂肪少， 非常容易摸到肋骨與骨頭的突起部位。 腰身明顯，看不到側腹線條。
BCS 2	**偏瘦** 理想體重的86～94％		可以隔著薄薄的脂肪 摸到肋骨與骨頭的突起部位。 從上方能夠看出明顯腰身。
BCS 3	**理想體重** 理想體重的95～106％		可以隔著脂肪摸到肋骨， 但是外觀看不出骨骼形狀。 從上方可以略微看出腰身。 可看到側腹線條。
BCS 4	**微胖** 理想體重的107～122％		不易摸到肋骨。 從上方幾乎看不出腰身， 小腹微凸。 側腹帶有脂肪，微微下垂。
BCS 5	**肥胖** 理想體重的123～146％		肋骨被厚厚的脂肪覆蓋，幾乎摸不出來。 腹部脂肪堆積而下垂，走路時側腹會晃動。 臉頰與四肢都是脂肪，全身圓滾滾的。

理想體重的算法＝從右邊的體型說明與插圖判斷寶貝貓咪是屬於BCS 1～5的哪一個階段，再將現在的體重除以符合比例的百分比數字。

就算壓肚子，我也不會放屁……

健康篇

PART
2

檢查外表有無異狀

煩惱 1

每當我覺得害怕或是生氣的時候，就會忍不住哈氣。
可是飼主卻說「你是在學蛇吧？不要這樣」。我根本就沒有那個意思要學蛇，難道我的祖先是這樣嗎？

我們的祖先沒有學蛇喔。
就算是蛇，也不會想要學貓的。

如果你回答他「沒錯」的話，那麼搖尾巴的樣子就會被他說是在學響尾蛇，這樣不是對蛇很沒有禮貌嗎？更何況日本根本就沒有會吐出蛇信，發出嘶嘶聲威嚇對方的蛇。歐美好像有「學蛇說」這個說法，然而這只不過是各自在順應環境、慢慢進化的過程當中，學到的威嚇姿勢正好雷同罷了。

Shaaahh!

煩惱 2

飼主說「好奇怪喔，我沒有聽過貓咪放屁」，然後就跑過來壓我的肚子。我們貓咪應該是不會放屁的吧？

貓咪會放屁，**只是不會發出屁聲而已。**
貓咪是不會裝的。

貓咪在放屁的時候肛門並不會震動，只是「咻」地發出小小的摩擦聲就結束。偶爾也會發出類似壁虎叫的屁聲。如果想要聽到這樣的屁聲，勢必要貼近貓咪才行。但是基本上，幾乎所有的哺乳類放屁都不會有聲音，所以一定要跟你的飼主說「不要再壓我的肚子了」。

煩惱 3

每當櫻花季一到，我的鼻子就會癢癢的，而且還一直打噴嚏，鼻涕亂噴也很惹人嫌。我是得了花粉症嗎？

櫻花盛開之際，是**發情**的季節。

　　當今家貓有8成左右都已接受結紮手術。貓咪發情雖然已成為昔日光景，但是取而代之的卻是貓花粉症（而且實際上有這種症狀的貓咪也在增加）。

　　打噴嚏與流鼻水讓人難受，對貓來說也是一樣。在外生活的貓咪雖然「不用戴口罩，鼻涕亂噴」也無所謂，但如果是飼養在家中的貓，每逢花粉季節最好還是盡量不要接觸到外面的空氣，而人類也要避免把花粉帶回家中。

煩惱 4

我是2歲的公貓。小時候明明是一隻全黑的黑貓，但是最近肚子和下半身卻開始出現條紋圖案。再這樣下去，我是不是會變成虎斑貓呀？

你說你的**肚子是黑色的**，但卻出現**條紋**。你這樣還不算是虎斑貓，放心啦。

　　貓咪變換毛色是稀鬆平常的事，這並不代表個性也會跟著改變，所以不用擔心。尤其是幼貓在滿30週齡的這段幼齡期，毛色都會一直變，就算到了2歲，毛色照樣會變，而且這種情況是固定的，有些橘白貓身上的白色還會消失不見呢。

忍不住
拚命灌水

平常不太喝水的貓突然開始拚命灌水,

不管有沒有吃飯,每天都會吐很多次。

另外,半夜也開始叫個不停,而且還常常舔毛……。

只要看到寶貝貓咪出現如此異常的舉動,一定要把它當作警訊。

貓咪非常會忍耐,就算身體不適,

也會因為不想造成他人的困擾而忍下來。

所以在貓咪顧慮這些之前,一定要及早察覺異狀。

觀察貓咪的一舉一動

一直想灌水

　　貓咪的祖先原本生活在沙漠的乾燥地帶，就算水喝的不多也沒關係，這種說法其實是一種都市傳說。即使是生活在沙漠中的貓，照樣要喝水。只是貓咪的水碗如果半天就喝光，便會讓人懷疑是因為「容易口渴」才會喝這麼多，但我們往往要等到貓咪「多尿」，才會察覺情況似乎不對勁。這個「多喝多尿」的症狀通常可能來自各種疾病，所以我們要多加檢查貓廁所，以便及早發現，妥善處理。

從行為變化察覺異常

　　從多喝多尿這個症狀可以推測的疾病有：慢性腎衰竭、糖尿病、甲狀腺機能亢進症與子宮蓄膿。特別是高齡貓常見的慢性腎衰竭，最典型的初期症狀就是多喝多尿。就算碗已經裝滿水了，沒過多久還是會喝光。貓咪若是生病或感到不適，通常會像這樣表現在日常生活的一舉一動之中，所以我們平時要多觀察家中的寶貝貓咪，只要發現牠出現異於平常的舉動，最好把它當作身體不適的警訊加以觀察。

只要一吃東西就吐

貓咪雖然常常在吐，
但次數若是過多就要留意了

就算身體健康，貓咪還是常吐

常聽人家說，貓咪是一種動不動就會嘔吐的動物。人類的食道是由平滑肌組成的。相對於此，貓咪的食道則是由橫紋肌所組成，這是為了方便自己把東西吐出來。所以只要貓咪吃太快或是飯後突然暴衝，吃下肚的東西就會通通吐出來。

這是腹壓突然產生變化所引起的嘔吐，不需要太擔心。其實貓跟人一樣，飯後休息一下會比較好。吐完之後，貓咪如果和平常一樣若無其事，而且充滿活力的話，那就不用擔心。

另外，貓咪若是空腹時間過長，有時也會吐出胃液。早上嘔吐是自己體內分泌的胃液造成的，只要晚上事先在碗裡倒一些乾飼料，避免讓貓咪餓肚子，這樣就可以解決空腹嘔吐的問題了。

另外，貓咪嘔吐時還有一個特徵，那就是吐的時候和做瑜伽一樣，腹部會不斷地收縮。第一次養貓的人看到這種情況通常都會擔心貓咪是不是生病了，其實這是常有的現象。因為牠們要將理毛時吞下的貓毛，還有吃下的稻科草類從胃的賁門中吐出來，算是貓咪特有的生理現象。

1週吐好幾次就要注意了

雖說貓咪是一種容易嘔吐的動物，但是每天都在吐，甚至接連不斷地吐，那就代表貓咪的身體出現異狀。如果吐的次數太過頻繁，甚至吐出胃液的話，就會造成體液流失過多，無法攝取必須的營養素。遇到這種情況，不妨暫時先讓貓咪停止飲水飲食，仔細觀察狀況之後再說。

思索原因時，首先要懷疑貓咪吃的飼料是否氧化。如果貓咪的身體狀況因為高齡而不甚理想的話，那麼就有可能是腸胃疾病，甚至是胰臟、肝臟、腎臟等器官的功能衰退造成的。而要留意的是尿路容易出現結石的貓咪，當牠們出現排尿困難、開始嘔吐時，就要立刻就醫診察。

貓草可以幫助貓咪將囤積在胃中的毛球吐出來。

橄欖油也可以解決毛球症

貓咪在理毛的時候，往往會把掉落的毛吞下去。但是這些貓毛並沒有辦法被消化，通常會隨著糞便排泄出來，有時則會囤積在胃中，所以貓咪才會想把這些貓毛結塊給吐出來。然而在人前做出如此稀鬆平常的舉動，卻形成了貓咪「動不動就吐」的印象，其實對貓咪來說，這是常有的事。

囤積在胃中的貓毛結塊稱為毛球，一旦成為異物就會破壞腸胃功能。萬一導致排便不順，貓咪的食慾就會變差，因而愈來愈瘦。

若要解決這種情況，我們可以選擇有助於預防毛球形成或是可以幫助化毛的飼料，甚至是促進排便的處方飼料。在貓飼料裡添加膳食纖維豐富的高麗菜或是南瓜等蔬菜（前提是貓咪肯吃），也可以幫助貓咪排泄。另外，橄欖油在大腸內還可以發揮潤滑油的功能，只要讓貓咪舔食1小匙（5ml），就能夠讓牠們把毛球跟著大便一起排出來。

功效豐富的貓草

可以幫助貓咪吐出毛球的是俗稱貓草、適合貓咪食用的植物葉片。一般我們在市面上買到的通常是牧草中的野燕麥（燕麥）與義大利黑麥草，這些與小麥、大麥等稻科嫩葉合稱為貓草。如果是可以自由在戶外四處走動的貓咪，通常會比較喜歡食用生長在地面的狗尾草與牛筋草等稻科植物。其實生長在日本的貓咪原本就是吃這些草來幫助排出毛球的。

對於肉食性動物的貓咪來說，貓草等同於腸胃藥。至於貓草的功能，包括品嚐葉脈的口感、利用葉脈上的細毛刺激胃壁以便吐出毛球，以及攝取膳食纖維、促進排泄這3項。

如果把燕麥這種兔子等小動物的飼料，當作貓草種籽種在盆栽裡的話，貓咪也會非常愛吃。不過有些貓咪對貓草的興趣並不大，所以不需強迫牠們吃。

會吐不是我的錯，對不對？

不過事後要打掃的是飼主，所以要好好謝謝他喔。

吃不下飯、食慾異常

突然沒食慾真的會讓人擔心
是不是生病了

壓力過大，沒有食慾

貓咪是一種非常敏感的動物，往往會因為壓力失去食慾。而導致壓力的主因，通常來自於環境變化。

就算是已經住習慣的家，只要有新的貓咪來，或是訪客身上有其他貓咪的氣味，個性比較神經質的貓咪就會感到一股非常大的壓力，懷抱著自己的空間領域被侵犯的不安，這就是壓力產生的來源。

家裡改建與重新裝潢對貓咪也會造成不少壓力，但是只要讓貓咪確保自己的空間領域，飼主也陪伴在身旁的話，就能夠安撫貓咪心中的不安。

而最需要注意的就是因為搬家移動所造成的壓力，以及將貓咪放在完全陌生的環境所導致的不安，這些情況往往會讓牠們想要逃脫，因此要特別注意。

貓咪是一種很懂得觀察飼主家族成員與關係的能手。家裡如果有新的同居人搬進來，貓咪就會判斷他是不是適合這個家的人物。最好的證明，就是家裡迎接新寶寶到來的時候。在這種情況之下，貓咪通常會默默地接受寶寶，將其視為最重要的存在，悄悄地嗅聞他的氣味，並乖乖在旁守候。

食慾不振有可能是生病

在「貓咪健康不可少」的7項約定當中，曾經提過貓咪的飲食。能吃才是健康的泉源，這個觀念一點也沒錯。因為貓咪愈是會吃，生命力就愈強，身心通常也會更加健康長壽。

正因如此，寶貝貓咪要是沒有食慾的話，真的會令人擔心。

叫貓咪吃飯卻毫無動靜，一直躺在床上的話，不妨幫牠保暖，以免感冒，如果不會想吐，就餵牠喝點水。不管是水還是飼料都不想要，而且背對著人的話，那麼就不要勉強牠吃。

容易造成食慾不振的有消化器官與泌尿器官疾病，範圍非常廣泛，就連貓口炎與牙周病也會讓貓咪吃不下飯。如果這種情況持續好幾天，讓人擔心不已的話，不如先帶到醫院檢查，這樣也比較放心。

另外，因為誤吞誤食、植物引起的中毒、中暑，以及受傷等會讓貓咪感到疼痛時，通常也會讓牠們吃不下飯。

對貓咪來說，「不想吃」代表自己的身體出現異狀。貓咪身體不適時通常會出聲回應，同時喉嚨還會發出呼嚕呼嚕的聲音，企圖引起飼主注意，所以千萬不要忽略這些徵兆，查清楚寶貝貓咪的身體到底怎麼了，這才是最重要的。

從幼貓到成貓這段期間，隨時「想吃」是正常的，如果貓咪「不想吃」，就代表身體有異狀。

食慾異常旺盛卻身形消瘦

　　有的貓咪不管怎麼吃就是吃不胖。如果是身體活動力強、經常東奔西跑的年輕貓咪，因為牠們消耗的熱量多，所以吃再多也不會胖。

　　然而就算食慾旺盛，要是貓咪卻突然瘦到可以看出脊椎或是腰骨的形狀，這真的會讓人擔心不已。倘若成貓與8歲以上的貓出現這種症狀，有可能是甲狀腺機能亢進症或糖尿病造成的，必須前往醫院接受檢查才行。

　　務必牢記，在家裡只要發現貓咪出現「多喝多尿、毛髮失去光澤、變得非常活潑，甚至活力洋溢，而且充滿攻擊性，靜不下來」等症狀的話，就代表牠可能罹患與甲狀腺有關的疾病。

　　糖尿病初期有時也會出現食慾異常旺盛，明明有吃卻突然暴瘦等症狀。等到貓咪失去食慾，飼主才發現原來是生病了，所以在情況變嚴重之前，一定要隨時留意寶貝貓咪是否出現異狀。

何謂甲狀腺機能亢進症

這種病是甲狀腺的腺瘤樣增生導致的結果，也就是甲狀腺素分泌過多所引起的疾病。甲狀腺腺瘤樣增生的原因尚不清楚，因此就現階段而言，這種病仍未能有效預防。貓咪有時會因為甲狀腺癌而發病，不過這種情況非常罕見。治療上可以選擇服用抗甲狀腺藥物的內科療法，以及將腫大的甲狀腺切除的外科療法。

大口大口吃，也可以愈吃愈瘦嗎？

是的，不過這是甲狀腺疾病的典型症狀之一喔！

睡一整天不想動

雖然貓咪以睡為業，
但是一直睡也不行喔

睡覺的樣子異於平時

據說貓的日文「ねこ」的字源是來自「寝る子・寝子」，意指很會睡的孩子。到目前為止，還沒有貓咪可以推翻這個說法。

成貓1天的睡眠時間大約是14～15個小時，幼貓與高齡貓則是20個小時。

只不過貓咪都非常淺眠，1天的熟睡時間只有3個小時左右。據說這麼做是為了保存體力，一有風吹草動就能夠立刻應付。即使身在沒有外敵、一片和平的室內，貓咪還是會覺得說不定會有緊急情況發生。

不過貓咪睡覺的樣子有時會異於平常。貓咪身體不適時反而睡得不多。身體疼痛與不適當然不用說，由於貓咪的習性就是非常能忍，因此想要一眼看出牠們的身體狀況其實不容易。

牠們彷彿擅於閉眼忍耐，會想要躲起來，避開食物味道，完全失去霸氣。

若要從貓咪的睡姿判斷牠們是在休息還是身體不適，訣竅就是看著牠們的眼睛。倘若貓咪先移開視線的話，就代表牠們並沒有不舒服。

比平常還要黏人

貓咪主動靠近，往往會令人欣喜不

已。如果是黏在自己身旁那還好，但如果是一直黏在其他同居人身旁的話，可真的會讓人打翻醋罈子。

其實貓咪很會看人，會依靠值得信賴的人。所以牠們會在人的腳邊磨蹭，讓臉的氣味沾在上面，或是將身體的一部分整個貼在人的身上。只要想引起人的注意，牠就會坐在你的前方霸占你的視線。可見貓咪的黏人也代表著心靈的渴望。

正因為這是日常生活中經常出現的舉動，一旦出現異狀，其實相當容易察覺。像是樣子與平常不一樣，畏畏縮縮地窩在人的膝蓋上。只要心境變化與身心異狀讓貓咪感到不安，牠們的舉動就會異於平常。所以遇到這種情況時，最好是先確認貓咪的食慾與排泄有沒有異狀，以便趁早發現貓咪的不適。

異常愛撒嬌

貓咪撒嬌的方式基本上有3種，那就是磨蹭、發出呼嚕呼嚕的聲音與不停踩踏。只要記住這3項，就能瞭解貓咪為什麼會靠過來，而且還能加強彼此之間的感情交流。貓咪豎起尾巴走過來，並用臉在我們腳邊磨蹭的話，代表牠在撒嬌與正心情愉悅地跟人打招呼。如果喉嚨一直發出呼嚕呼嚕的聲音，就代表牠現在的心情非常放鬆。至於前腳一直

一感到不舒服，就會忍不住想要對人撒嬌……

因為小時候只要黏在媽媽身旁，就會感到無比安心。

踩踏，則是因為回想起小時候喝奶的滿足心情。這些都是貓咪開啟撒嬌模式的動作。

有些舉動是刻意的，有些則是無意的。如果貓咪小小聲地喵喵叫，代表牠是真的「想要撒嬌」。如果是大聲地喵喵叫，就代表牠有所「要求」。正因為貓咪不會說話，所以從這樣的表達方式就能知道牠們的心聲。

倘若平常不太會撒嬌的貓咪突然變得非常黏人的話，要記住，這有可能是牠們自覺到身體和平常不一樣，有點不舒服。

只要貓咪因為身體狀況而感到惶恐不安，就會想要靠過來依賴飼主。

一直發出呼嚕呼嚕的聲音

貓咪與我們都有這種先入為主的觀念，那就是「貓咪發出呼嚕呼嚕的聲音代表很放鬆」。貓咪放鬆且心情愉悅的時候，確實會發出呼嚕呼嚕的聲音，但是當感受到壓力、受傷或是生病時，也會發出呼嚕呼嚕的聲音。

這個呼嚕聲的頻率並不高，大約在20～150Hz之間。我們已經知道這個低頻的聲音可以刺激腦內啡（Endorphin）分泌，舒緩痛苦。不僅如此，這種呼嚕呼嚕的震動還可以提高骨質密度，讓貓咪的傷及早痊癒。既然如此，為什麼我們至今依舊無法擺脫這種先入為主的觀念呢？那是因為聽到這種呼嚕聲的人，都從這個頻率中得到一種難以取代的舒適心情。

不管是睡姿還是撒嬌的方式，全都反應出貓咪身體的微妙變化與心情起伏。

喘不過氣、呼吸急促

呼吸紊亂代表身體異常，必須及早就醫！

瞭解平時的呼吸狀況

「貓咪健康不可少」的其中一項約定，就是「呼吸急促與發出異臭代表健康紊亂」。而所謂的異常現象，就是發現貓咪臉朝下、呼吸急促，甚至是張嘴呼吸。貓咪絕對不會在飼主面前表演或是裝病。所以遇到這種情況時千萬不要讓貓咪的情緒變得興奮，要靜靜地陪在牠身旁仔細地觀察。

另外，如果能事先知道寶貝貓咪平時的呼吸狀況，並且當作生命跡象（平時的健康狀況指標）好好記錄的話，必要時就能派上用場了。也就是先掌握貓咪休息時每分鐘的呼吸次數。貓咪每分鐘的呼吸次數通常是20～30次，身為飼主只要1週檢查1次就可以了，所以大家一定要好好確認貓咪平時的生命跡象。除此之外，也要順便確認貓咪呼吸時有沒有發出怪聲。

至於口腔黏膜方面，只要是漂亮的粉紅色就代表貓咪身體健康無虞。

張嘴急促呼吸是危險訊號

貓咪通常都是用鼻子呼吸。如果看到牠用嘴巴呼吸，而且還出現鼻塞、打噴嚏等現象的話，就代表貓咪可能罹患呼吸器感染症。如果是得到貓感冒，鼻涕與激烈的噴嚏會迫使貓咪不得不用嘴巴呼吸，如此一來吃飯時就會聞不到味道，導致食慾不振，身體日趨衰弱。在家如果能夠餵食流體食物的話那還好，如果不易餵食，最好是請教獸醫。

有時貓感冒會引發肺炎，讓貓咪陷入病危狀況。這時通常會伴隨著高燒、咳嗽帶痰，而且呼吸急促，甚至是用腹部來呼吸，這些都要仔細觀察。

用聽診器聽取肺部呼吸聲時，會聽到宛如積水的雜音。照X光便能確認貓咪的肺並不健康，而且白血球增加。肺部組織一旦遭到破壞，嚴重時可能會致死，這時醫院通常會用抗生素來為貓咪治療，並且透過蒸氣吸入器讓藥物吸入肺部。

呼吸急促通常是貓咪身體發出的危險訊號，
絕對不可置之不理！

發生突發狀況要先確保氣管通暢

　　沒有人會願意先設想家裡的寶貝貓咪遇到這種情況，但是請大家抱持著幫助其他貓咪的心態繼續看下去。舉例來說，在炎炎夏日裡，如果我們把家中門窗都關緊的話，貓咪就會中暑。就算覺得只有一下子應該沒關係，但是這樣的疏忽大意往往會讓貓咪陷入不幸。倘若貓咪已經失去意識、橫躺倒地的話，首先要做的是將牠的下顎向上抬高，確保氣管順暢，讓牠能夠呼吸。萬一唾液卡在喉嚨，就要盡量幫牠擦乾。

　　為了避免貓咪過於興奮，可以把牠關進外出袋或外出籠裡，先解決呼吸急促的問題並讓身體散熱，這點很重要。

偶爾咳個不停

　　有的貓咪被帶來醫院是因為「一直咳個不停」。如果是人的話，可以直接告訴醫生症狀，但如果是貓咪的話，幾乎都是由飼主學牠們咳嗽的樣子給醫生看。其實如果能將貓咪咳嗽的樣子拍成影片，會更容易向醫生說明情況。

　　貓咪有時咳嗽是因為生理現象。像是鼻子或喉嚨有異物跑進去的話，貓咪就會喀！喀！地咳嗽。除此之外還有名為「嘔吐反射」的「逆向性噴嚏」。這是貓咪用力吸氣後出現的正常咳嗽。

不停咳嗽要趁早就醫

　　如果貓咪1天咳好幾次，而且連續好幾天都咳個不停的話，這時最好先觀察室內環境。如果是因為香菸等煙霧使得家裡空氣變髒的話，就要立刻開窗通風，因為貓咪一定要呼吸到新鮮乾淨的空氣才行。

　　發現貓咪好像沒精神、缺乏食慾，有時我們也會察覺到貓咪其實已經發燒了。看到貓咪咳嗽咳得很痛苦，任誰都會於心不忍。如果是呼吸器疾病引起的話，那就替貓咪補充營養，讓牠好好休息；要是看起來真的很難受的話，那就帶牠去看醫生。因為咳嗽這種症狀有時是心臟疾病引起的，所以在前往動物醫院之前，不妨先將貓咪咳嗽的樣子拍成影片以利診療。

有時會因壓力而引起過度換氣

貓咪有時會因為壓力而換氣過度。這是因為太過緊張所引起的血壓變化，也有可能是空氣太髒而造成的，所以看到貓咪喘不過氣時最好多加觀察。如果吸菸、屋塵、花粉、飼養多隻貓咪、聲音過大，以及運動不足等因素導致貓咪壓力無法消除的話，就會出現過度換氣的現象。另外，貓咪有時光是興奮也會張嘴呼吸，因此我們必須好好判斷牠們究竟是生病，還是單純只是因為生理反應而換氣過度。

張嘴喘氣代表牠很痛苦嗎？

就可觀察的症狀而言，算是最危險的那一類喔！

半夜叫不停，被嫌很吵

心裡應該有很多話想要說吧

一到晚上就開始喵喵叫

　　貓咪半夜叫個不停有可能是問題行為，也有可能不是。其實貓咪原本就是夜行性動物，到了晚上或是清晨便會發揮狩獵本能，所以白天才會幾乎都在睡覺，以便保存體力。

　　然而現在飼養在室內的貓咪，幾乎都沒有機會發揮狩獵這項本能。若是有所要求，基本上是不會管白天還是晚上的。尤其是到了精神旺盛的晚上，貓咪的自我主張也會變得很強烈。

　　而最讓飼主頭疼的要求就是肚子餓了、廁所髒了、好無聊喔陪陪我、放我出去外面等等。在把這些舉動當作問題行為之前，身為飼主最重要的就是要好好想想貓咪為什麼會做出這些舉動。

　　如果這些行為已經影響到飼主的睡眠，那麼睡覺前不妨在貓碗裡倒一些飼料，或是晚上事先將貓廁所打掃乾淨。白天多陪貓咪玩個5分鐘或是10分鐘的狩獵遊戲，也能夠解決這個問題。對貓來說，上了年紀之後，自己也會對半夜偶爾喵喵叫這種行為感到困擾。

有可能是精神官能症

　　貓一旦步入高齡，過了健康壽命的時期之後，大腦與神經就會開始衰弱，偶爾會出現癡呆症狀。加上視力與聽力也跟著衰退，有時心情會變得很不安，所以才會一直喵喵叫。這種情況可以視為是一種強迫症。

　　貓咪若是處於這種情況，要盡量陪伴在牠身旁，這樣貓咪應該就會深切地感受到自己是家庭的一員。

貓咪一到晚上就會一直叫的現象，原因通常不明。

對飼主做出惡作劇的舉動，通常都是有理由的。

被人笑說走路拖著屁股

姿勢怪有什麼好笑的！

舒緩陰部的不適

看到貓咪走路時拖著屁股可別取笑牠，因為只要是用四隻腳走路的動物通常都會這麼做。貓咪用兩隻前腳一邊前進一邊拖著屁股走路，是摩擦身體的技巧之一。

這個動作通常是因為肛門兩側的肛門囊或肛門腺囤積的分泌物讓貓咪感到不舒服，所以牠們才會拖著屁股走路。一旦感染細菌，貓咪就會去舔舐囤積的膿水，因而引起飼主注意。

未結紮的母貓陰部如果出現分泌物或是汙垢，有可能是子宮蓄膿造成的。如果子宮內部有膿水囤積就會從陰部流出，如此一來貓咪就會想要去舔。量少的話姑且不管，一旦量變多，貓咪舔了之後身體就會變差，所以還是儘早帶貓咪去看診。

如果是公貓的話，尿路結石與膀胱炎所引起的不適感也會讓牠們想要舔舐陰部。

一直在舔屁股

貓咪通常會舔舐肛門、陰部與整個屁股以保持乾淨。可是一旦變成老貓，通常就會變得不在乎自己的身體是否乾淨，舔舐的次數也會變少。但是這並不代表牠們已經懶得舔身體了。

如果貓咪一直在舔肛門的話，除了之前提到的肛門囊炎，也有可能是因為那個部位長了東西而讓牠們非常在意。就算一直腹瀉，牠們也會非常在意自己的肛門有沒有紅腫潰爛。

本來就是這樣啊。
畢竟貓咪無法用語言好好說明。
如果飼主能夠早一點發現原因，就能及早治療了。

長毛貓因為不易看到自己的屁股，
所以有偶爾還是要替牠們確認一下是否有異狀。

忍不住一直舔、一直咬

過敏、壓力與跳蚤都是敵人

不停地又舔又咬

　　貓咪罹患的皮膚病當中，最常見的就是過敏性皮膚炎。而最具代表性的有以下這幾種。

●**異位性皮膚炎**：免疫系統過度反應引起的皮膚炎，會起疹子並感到搔癢。

●**食物過敏性皮膚炎**：會對某種食材過敏並引起皮膚發炎。

●**過敏性接觸性皮膚炎**：以餐具或是項圈等為過敏原，一旦與皮膚或黏膜接觸就會引起發炎。

●**跳蚤過敏性皮膚炎**：因為跳蚤過敏症而伴隨的皮膚炎，以及跳蚤吸血所導致的搔癢。

　　另外，貓蝨在食用皮膚表面剝落的皮屑時，也會讓貓咪因為搔癢而經常舔舐皮膚。感染症方面有真菌性皮膚病，這種病通常會在皮膚上形成紅色圓點。而發生在貓咪下顎的貓痤瘡（貓粉刺）只會讓下巴搔癢，但是貓咪舔不到，所以牠們會在家具邊角摩擦止癢。至於尾腺炎則是尾巴根部的分泌腺發炎形成的油脂讓貓咪覺得搔癢。

　　刪除造成過敏的因素之後，要是發現貓咪罹患皮膚炎是因為自我免疫系統與遺傳因素造成的話，就要從補充營養品與改善飲食等方式來治療了。

用後腳抓癢

　　貓咪「用後腳抓耳朵」的模樣也曾經出現在歌川國芳《貓飼好五十三疋》這幅浮世繪當中，亦即裡面的「のどかい」。這幅浮世繪證明了貓咪從以前就會用後腳來抓癢。

　　如果是跳蚤吸血時造成的搔癢，貓咪有時會因為癢得受不了而去咬發癢的地方。貓咪身上要是出現大量跳蚤，可以用除蚤梳幫牠清除乾淨，或是塗抹驅蟲藥為牠驅蟲。若是發現皮膚表面遍布細沙，那就是跳蚤的糞便，洗澡沖水時這些糞便通常會溶化變成紅色泥水。室內如果一年到頭都處於溫暖的環境，就會變成跳蚤孵化的最佳環境，所以貓咪身上才會一整年都有跳蚤。

　　跳蚤的卵與幼蟲會掉落在地上，因此要用吸塵器清乾淨，至於鋪在貓床上的毛巾則要勤加換新。

壓力造成的強迫性行為

　　貓咪如果一直舔舐前腳或是大腿內側等特定部位的話，就是罹患神經性皮膚炎（舐性皮膚炎）。這是貓咪本身的壓力造成的強迫性行為，往往會讓牠們毫不自覺地去舔舐。

　　即使是狗也會因為固執行為而出現

健康篇

PART

3

觀察貓咪的一舉一動

舔得太勤的話
會引起皮膚炎喔。

要是出現過敏症狀，
就要在變嚴重前趕緊去看醫生。

神經性皮膚炎，甚至是做出啃咬自己尾巴的自殘行為。至於貓咪，則有可能是為了移轉不安與壓力，才會出現過度舔毛這種自殘行為。這是貓咪精神上的疾病，而且通常是因為運動不足、飼養多隻貓咪等生活環境所造成的壓力過大而導致的。

　　貓咪的舌頭十分粗硬，一旦過度舔舐，肌肉組織就會因為破皮而顯露出來。為了避免這種情況發生，飼主必須要及早察覺原因，並且想出對策、解決問題。像是改善生活環境或是舒緩貓咪的壓力，都能夠預防以及緩和這樣的症狀出現。

會讓貓咪感到搔癢的
皮膚病與過敏症一覽表

- 異位性皮膚炎
- 食物過敏性皮膚炎
- 過敏性接觸性皮膚炎
- 跳蚤過敏性皮膚炎
- 貓疥癬蟲感染症
- 耳疥癬
- 真菌性皮膚病
- 日光性皮膚炎
- 嗜酸性球性肉芽腫

一直咬的話
貓毛就會掉，
甚至整個禿一塊，
要小心喔！

只要一癢，
我就會忍不住
想要去咬。

PART

4

觀察排泄

讓人困擾的
如廁問題變多了

平常在為貓咪管理健康時，最基本的就是檢查排泄物。

貓咪身體狀況的變化往往會表現在大小便的次數、分量與顏色上。

一直跑廁所、上廁所的時間變長，甚至是拉肚子、便祕等等，

不少疾病的徵兆與症狀都會表現在排泄行為上。

所以每天在替貓咪清掃貓廁所時，一定要好好檢查排泄物，

並且養成習慣，注意貓咪是不是在沒有壓力的環境之下輕鬆排泄。

觀察貓咪尿尿格外重要

就早期發現疾病而言，經常檢查寶貝貓咪的排泄情況是很重要的。因為許多貓咪會罹患膀胱炎與尿路結石，也就是名為貓泌尿道症候群（FUS）的泌尿器官疾病。只要貓咪出現頻尿或血尿等症狀，就要及早應對。所以當我們在清掃貓廁所時，一定要養成確認尿量、貓咪上廁所的次數與尿液顏色的習慣。而當貓咪上廁所時，要看看排泄前後的樣子有沒有奇怪的地方，以便及早察覺貓咪身體狀況的變化。

尿液與大便說明了身體狀況

只要牢記每天檢查貓咪的廁所就是替貓咪檢查健康的機會，就能及早發現貓咪的尿量變化、腹瀉、血便、便祕等異常現象。尿量增加有可能是腎臟病或糖尿病，這種情況如果出現在高齡貓的身上就要特別注意。腹瀉如果是一時消化不良的話，就有可能是感染症或是寄生蟲，輕忽的話可能會導致危險。因為尿液與糞便可以告訴我們貓咪體內的狀態，所以在替貓咪管理健康時，一定要多加檢查貓廁所。

一直跑廁所很困擾

常跑廁所是危險訊號喔！

頻尿是貓下泌尿道症候群的警訊

在「貓咪健康不可少」中有一項約定，就是要天天確認尿液的顏色、尿量與貓咪上廁所的次數。因為牠們的泌尿器官經常出現問題，而且排尿時通常會出現生病的徵兆，在這種情況之下，檢查尿液就顯得非常重要。

貓咪1天通常會上1～3次廁所，雖然次數多少會因飲食與水分攝取量而變動，不過1天上廁所的次數超過4～5次就可以算是頻尿。

導致頻尿的原因通常出現在膀胱至尿道的部分，也就是所謂的貓下泌尿道症候群（FLUTD），不管是膀胱炎、尿道結石還是膀胱腫瘤等，通通都有可能。如果貓咪出現以下這幾種症狀，就是罹患貓下泌尿道症候群的警訊。

- 1天上好幾次廁所
- 才剛上完廁所沒多久就又跑去上
- 上廁所的時間非常久
- 在廁所以外的地方尿尿
- 排尿不順或是滴尿
- 出現血尿
- 尿騷味非常重
- 尿液白濁
- 尿液出現結晶
- 排尿時會因為疼痛而哀叫

尿液顏色變紅

檢查貓廁所的時候要注意尿液的顏色與氣味。健康的尿液通常呈淺黃色，而且尿騷味沒有那麼重。尿液略帶紅色或是看起來像褐色的話，就是血尿之類的異常徵兆。這種情況只要選擇白色系的貓砂或是尿墊，就可以看清尿液的顏色了。

血尿指的是尿液帶血的狀態，從淺紅色到全紅都有。而尿中所含的血液比例愈高，散發出來的血腥味就會愈重，有時還會摻雜血塊。

這種情況往往是泌尿器官的腎臟、輸尿管、膀胱與尿道出血造成的。如果是膀胱炎的話，細菌感染與結晶等症狀也會讓膀胱黏膜因為受到傷害而出血。在這種情況之下，貓咪就會想要一直跑廁所。

啊～
我又想上廁所了。

如果貓咪1天都要上好幾次廁所的話，最好帶去給醫生看看。

頻尿是腎臟病與糖尿病的前兆

為了區別，我們將1天排尿次數增加的情況稱為頻尿；而1天排尿量增加的情況稱為多尿。多尿大多是腎臟疾病或是糖尿病引起的症狀，一直喝水（多喝）也是特徵之一。

尿量通常會隨著飲食內容（鹽分較高的飲食往往會讓貓咪的飲水量增加，如此一來尿液也會增加）與環境而變動，但是基本上1天的尿量是以每1kg的體重約18～20ml為標準。所以4kg的貓1天的平均尿量是72～80ml，如果超過就代表貓咪多尿。

不管是頻尿、多尿還是血尿，造成這些症狀的病因往往不容忽視。只要一發現就要立刻帶貓咪去動物醫院！

從貓砂凝塊來掌握尿量

在貓廁所裡鋪上尿墊，就能夠掌握貓咪上廁所前後的容器重量，藉此可以得知尿量。不過使用貓砂並不容易嚴密掌握貓咪的尿量，因此在清掃貓廁所時我們要養成習慣，仔細觀察貓砂沾濕或是凝固的狀態，這樣便可從貓砂凝塊的大小與重量來掌握貓咪平時的尿量，並進而比較。無論如何，觀察貓廁所時若發現貓咪尿量明顯增加的話，就可以判斷是多尿了。

會引起多尿的疾病

慢性腎衰竭：高齡貓常出現的疾病。以多喝多尿，也就是拚命灌水、一直上廁所等症狀為特徵。
糖尿病：會演變成高血糖，由於飲水量增加，尿量也跟著變多。
子宮蓄膿：膿狀物質囤積在子宮內部的疾病，由於會影響抗利尿荷爾蒙，因此尿量會變多，喝水量也會增加。
甲狀腺機能亢進症：全身的新陳代謝會變得活絡，腎臟血流量增加，並且多尿。

上廁所上不出來

貓咪要是尿不出來就要立刻去看醫生！

聽到貓咪痛苦哀嚎代表情況危急

貓咪若是一直蹲在廁所裡不出來，並且用平時不太會聽到的低沉聲音發出「嗷嗚」之類的哀嚎聲，這種時候就代表牠正在告訴你「我好痛苦、好難受喔」。

這是因為膀胱炎與尿道結石導致貓咪排尿困難或是便祕。貓咪如果一直尿不出來，甚至滲出血尿的話，就代表牠罹患了貓下泌尿道症候群。尤其是公貓的尿道非常狹窄，一旦形成結石就會讓尿道塞住（尿道阻塞），進而伴隨劇烈的疼痛。要是讓平時非常能忍的貓咪發出哀嚎的話，就代表疼痛已經無法承受了。

倘若貓咪非常痛苦地嘔吐，極有可能是急性腎衰竭所引起的尿毒症，這代表貓咪的情況十分危急，必須趕緊帶牠到動物醫院開通尿道，而且情況是刻不容緩。

排尿困難通常是因為尿道結石

察覺貓咪似乎尿不出來時，就要懷疑是不是因為尿道結石，有時還會在貓尿中看到一粒一粒或是亮亮的結晶。這些是鎂、磷與鈣等礦物質形成的結晶與結石。

貓尿通常呈弱酸性，一旦變成鹼性的話，那些礦物質就會結晶化，形成磷酸氨鎂結晶；如果變成酸性，就會很容易形成草酸鈣結晶。而最常看到的結石通常是磷酸氨鎂結晶造成的，可以透過處方飼料使其溶解，但是草酸鈣結晶的話就無法這麼做了。

想要預防結石，就必須讓尿液保持弱酸性或中性。尿液一旦變濃就會非常容易結晶化，因此要讓貓咪多喝水，保持排尿順暢。

「異於平常」時要敏感一點

泌尿器官出現問題的貓咪，常常會在貓廁所以外的地方尿尿。這有可能是因為生病導致牠們的尿意出現異常，所以才會出現異於平常的舉動，藉此告訴飼主自己的身體有異狀。

雖然貓咪相當能忍，但是真的非常不舒服時還是會告訴飼主的。因此身為飼主一定要及早明白貓咪隨處大小便的理由。

預防貓咪尿路結石的方法

平時多留意以下幾點，就能夠預防貓咪尿路結石。

● **讓貓咪多喝水**：多準備幾個水碗擺在不同的地方，好讓貓咪隨時都能喝到新

公貓的尿道非常容易阻塞，所以平常要記得多喝水喔！

尿不出來真的很痛苦⋯⋯

鮮的水。

● **搭配濕食**：濕食有將近8成的水分，貓咪如果不太愛喝水，或是水喝得不夠的話，可以藉此補充水分。另外也可以為貓咪準備湯包類濕食。

● **提供礦物質含量少的飼料**：盡量餵貓咪食用礦物質（鎂、鈣、磷）含量少的飼料，以免造成結晶與結石。

● **選擇容易消化的優質飼料**：就算是標榜可以預防泌尿器官疾病的飼料，如果裡面添加太多會導致貓咪消化不良的穀物成分，反而會招致反效果。

● **貓廁所要乾淨、易使用**：貓廁所要隨時保持清潔，以免貓咪憋尿。

● **讓尿液的pH值維持中性**：擔心的話，可以使用貓狗專用的pH值試紙來檢驗尿液的酸鹼性。

擔心的話就檢查一下尿液

寶貝貓咪以前曾經得過尿路結石，或是非常擔心尿液酸鹼性的話，可以幫牠們檢查一下尿液。在動物醫院檢查時可以用市售的集尿器或是針筒採集1～2ml，並在2個小時內請獸醫檢查。除了出血與結晶之外，葡萄糖、蛋白質、潛血反應、pH值與膽紅素亦能透過數值來「判定」。另外，我們也可以在家中利用市售的驗尿試紙來為貓咪檢查。

集尿器。貓咪在排尿時可伸出前端的海綿部分，吸取尿液。（照片：山與溪谷社編輯部）

隨處多擺幾個水碗，讓貓咪隨時都能喝到水。

糞便出現異狀

遇到這種情況，要將「實物」的照片帶過去！

仔細一看，竟然有蟲！

健康篇

PART

4

觀察排泄

有什麼東西可以比大便更能娓娓道出貓咪肚子裡的狀況呢？因為從大便的顏色、形狀與分量就能瞭解貓咪當天的身體狀況。如果貓咪身體健康，大便會是一整條。

有時我們會在貓咪糞便的表面發現有白色物體在蠕動。這是犬複孔條蟲成熟的節片（其中一段身體）。貓咪理毛時若是將寄生的跳蚤吞下肚，便會感染到這種寄生蟲。

貓條蟲的節片同樣也會隨著糞便排出體外。這是因為貓咪捕食吃下條蟲卵的老鼠而受到感染。躲在暖桌底下的貓咪，一旦肚子變得溫熱，這些節片通常就會排出體外，並沾附在肛門周圍，有時候乾燥的節片也會掉落在貓咪的睡床上面。

另外，有時我們還會發現長約3～12cm、看起來像白色橡皮筋的貓蛔蟲。這是感染蛔蟲的母貓通過乳汁感染給幼貓的，要是被寄生，幼貓就會因為發育不良而變得衰弱。所以只要發現蛔蟲就要帶貓咪去動物醫院，將蟲驅乾淨。

如果可以自由外出的貓咪捕食到蛇或是青蛙的話，具有感染性的刺猬條蟲就會寄生在貓咪身上。只要貓咪的糞便出現類似寄生蟲的東西，最好是立刻拍照。要是可以的話，最好連同糞便裝入夾鏈袋中密封，帶去醫院給醫生檢查。

大便摻血

血便也就是摻血的糞便，可依血跡附著的情況分為以下4種。

● **摻雜紅色血跡的血便**：有可能是小腸或大腸的前半段出血造成的。

● **大便整個呈現黑色的血便**：有可能是來自口腔或是小腸等距離肛門較遠的地方出血造成的。而像鉤蟲之類的寄生蟲若在小腸內部也會導致出血。

● **大便表面沾上鮮血的血便**：有可能是大腸後半段到肛門附近出血造成的。

● **腹瀉拉血便**：有可能是食物過敏或是細菌感染引起的腸胃炎造成的。

出血的地方不同，血便的顏色也會跟著改變。一旦發現，最好仔細觀察並且拍照。如果動物醫院就在附近的話，亦可直接將血便帶過去給獸醫診察（如果時間經過太久則不可，因為血便會變色），同時要仔細觀察貓咪是否有嘔吐或腹瀉等症狀，並且如實告知獸醫。就算貓咪非常有活力，依舊有得到感染症的可能性，所以最好還是盡早就醫，接受診察。

治療才行。

一直腹瀉

若是持續腹瀉，出現水便或是大便稀軟等情況，原因可以分為身體不適、暴飲暴食、消化不良、壓力與乳糖不耐症等暫時性因素，以及感染症或寄生蟲造成的慢性因素。剛開始以為是暫時性因素，後來發現就算斷食，情況依舊沒有好轉，而且持續腹瀉2～3天的話，就要帶貓咪去看診。這時要記得將糞便裝入密封袋中，以便請獸醫檢查裡面的寄生蟲。

幼貓有時會因為貓泛白血球減少症（貓傳染性腸炎、貓瘟）而嚴重腹瀉，不過這種疾病只要接種三合一疫苗就能夠預防。但是已經感染的幼貓會快速衰弱，甚至危及性命，因此必須迅速就醫

4天沒有排便要注意

貓咪通常每1～2天就會排便1次。如果連續4天都沒有排便的話，就有可能是便祕，這時可以餵貓咪喝牛奶，或是重新檢查飼料，觀察情況。如果這樣貓咪還是無法排便，而且想吐的話，就要帶牠們去動物醫院灌腸，或是透過按摩促進排泄。

容易便祕的貓咪可以服用溶劑型瀉藥或是使用塞劑。但是貓咪本身如果經常活動的話，也可以改成膳食纖維豐富的飲食，盡量找尋不會對貓造成負擔的方法。如果要解決運動不足的問題，最重要的就是飼主要配合，增加陪貓咪玩耍的時間。

這種時候一定要帶到動物醫院檢查寄生蟲！

● 在外面撿到的幼貓
● 中途護護的貓咪
● 決定收養流浪貓時
● 可以自由外出的貓咪出現腹瀉症狀

明明在室內生活，為什麼也會有寄生蟲!?

雖然感染的機會不高，但是人類有時還是會把外面的跳蚤帶到家裡來，所以千萬不可疏忽大意。像這種犬複孔條蟲節片偶爾也會看到喔！

令人聞風喪膽的疾病

具備預防知識，
就能緩和對於疾病的不安

泌尿器官疾病居死亡原因首位

　　如果希望寶貝貓咪能夠健康長壽，飼主對於貓咪的疾病就必須具備正確的知識，這一點非常重要。

　　貓咪發病率高，而且與性命息息相關的疾病當中，最具代表性的就是泌尿器官疾病。生病的貓咪有將近半數都是因為罹患泌尿器官相關疾病，尤其是年滿12歲的貓咪有三分之一都會得到這方面的疾病。

　　承辦寵物保險業務的保險公司資料顯示，12歲以上的貓咪，死亡原因第一名是泌尿器官相關疾病，而且占了整體30%以上（死亡原因第二名是腫瘤）。

泌尿器官的構造

　　泌尿器官是製造尿液並將其排出體外的器官總稱，由左右2顆腎臟、輸尿管、尿道與1個膀胱所構成。輸尿管、膀胱與尿道合稱為「尿路」。腎臟到輸尿管這一段稱為「上泌尿道」，膀胱到尿道這一段稱為「下泌尿道」，而且公貓與母貓的結構不同（參照下圖）。

　　與泌尿器官有關的疾病中，最常出現的就是膀胱炎與尿石症等貓下泌尿道症候群（FLUTD）以及慢性腎衰竭。來我們動物醫院看診的貓咪通常以這2種疾病居多。而貓下泌尿道症候群常見於公貓，至於慢性腎衰竭，則是年紀愈大，罹患的貓咪就愈多。

泌尿器官的構造

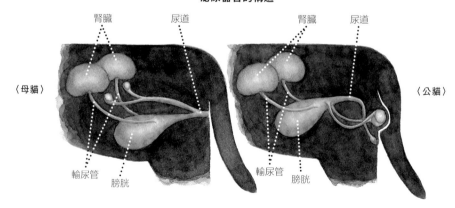

〈母貓〉　腎臟　尿道　腎臟　尿道　〈公貓〉

輸尿管　膀胱　輸尿管　膀胱

想要預防
泌尿器官疾病，
平時就要多喝水！

為何多數貓咪都會得慢性腎衰竭

貓咪的祖先非洲野貓生活在沙漠地帶，因此就算水喝得不多，體內的水分依舊能夠有效利用，進而排出濃縮的尿液（當然還是要喝水）。而貓繼承的就是這樣的身體。

腎臟是過濾血液，製造出尿液的器官。但是過濃的尿液往往會對貓咪的腎臟造成負擔，而且還會因為增齡而愈顯疲憊，使得腎臟功能日益低落。

貓咪的腎臟裡約有20萬個腎元（腎小體與腎小管合稱的功能單位）。萬一有60%的腎元遭到破壞，腎臟過濾血液的功能就會無法正常運作，如此一來老舊廢物會囤積在體內，導致腎衰竭等症狀出現。慢性腎衰竭是經年累月形成的疾病，只要是超過15歲的貓咪，有15%都會罹患這項疾病。

膀胱炎與尿石症也要注意

濃縮的尿液容易因為礦物質凝結而形成結晶或結石，進而導致膀胱炎與尿石症等貓下泌尿道症候群發生。就算是年輕的貓咪，情況亦然。

加上公貓的尿道比較細長，而且彎曲成S型（請參照左頁圖片），一旦形成結石，尿道就會很容易阻塞，進而加

如何讓貓咪多喝水

- 在室內多準備幾個喝水的地方。
- 勤換水，並且隨時為貓咪準備新鮮乾淨的水。
- 飼養多隻貓咪時，整碗水要經常更換（有些貓咪不喜歡水碗沾到其他貓咪的味道）。
- 盡量使用貓咪的鬍鬚不會碰到的寬口容器當作水碗。自己按開關就能喝到水或是流水式飲水器也可以嘗試看看（不過流水式飲水器要注意雜菌滋生）。
- 老貓或是貓咪冬季不想喝冷水時，就幫牠們倒溫開水。

重病情。另一方面，母貓則是因為尿道較短，容易感染細菌而罹患膀胱炎，不過這種情況並不常見。

這些疾病只要在初期發現，通常透過飲食療法或是投藥就能夠抑制病情。至於公貓是不是屬於容易結石的體質，則要定期檢查才能得知。即便是在我們的動物醫院，只要貓咪年齡快到10歲，通常都會積極建議飼主為牠們定期做尿液檢查。

定期健康檢查，保持活力長壽

許多高齡貓因為慢性腎衰竭、尿石症與腫瘤而使壽命縮短。腎臟與肝臟都是沉默的器官，如果產生變化是不會表露於外的，一旦出現症狀就代表病情已經相當嚴重。另外，貓咪的腫瘤有70%以上都是屬於惡性，發現時通常都已經病入膏肓，無法治療，不少貓咪因此而離開這個世界。但是只要定期帶貓咪去動物醫院檢查，通常就能早期發現與治療。若是希望貓咪健康長壽，那麼每年就要讓牠們做1次健康檢查。

需要特別留意的疾病

除了泌尿器官，
一些需要注意的疾病也要牢記在心喔

◎腫瘤、癌症

淋巴瘤：與淋巴球有關的癌症。有報告指出，貓咪的惡性腫瘤當中最常出現的就是淋巴瘤，占了44.4％，而惡性乳腺瘤則是11.1％*。以往感染貓白血病的發病率非常高，不過近年來診斷為陽性的機率卻降低了，因此與病毒毫無關聯的消化道型淋巴瘤增加的情況反而變得比胸腺型淋巴瘤還要多。症狀／淋巴瘤的症狀視發生的部位而有所不同。預防／接種貓白血病疫苗，並從6歲開始定期健康檢查。

*資料來源：《貓咪專門雜誌Felis Vol.09》

乳腺瘤：也就是乳癌。高齡母貓容易罹患惡性腫瘤，而且容易轉移到肺部與淋巴結。一旦病情嚴重就會影響到性命，必須及早處理。症狀／胸部有硬塊、腫脹。乳頭會出現黃色分泌物。預防／在滿1歲之前必須做結紮手術。

鱗狀上皮細胞癌：發生在皮膚表面、因為照射紫外線而產生的癌症，容易出現在臉部與白色被毛等地方。症狀／起初是皮膚粗糙有硬塊，持續蔓延的話就會出現發炎、潰爛與潰瘍等症狀。預防／盡量不要讓貓咪在陽光下過度曝曬，並且完全飼養在室內。

◎病毒感染症

貓免疫缺陷病毒（貓愛滋）：在外打架受傷時因為唾液而感染。無症狀期～潛伏期一過就會發病。一旦感染，雖然無望完全治癒，但也有可能一輩子都不會發作。症狀／免疫系統能力低下、慢性貓口炎。預防／接種疫苗，完全飼養在室內。

貓白血病：大多是因為接觸那些感染到病毒的貓咪唾液與血液，或是在母貓肚子裡經由胎盤感染、哺乳時經由母乳感染。潛伏期為數週～數年。一旦發作的話，恐怕難以康復。症狀／食慾不振、發燒、腹瀉、貧血、淋巴腫大。預防／接種疫苗、完全飼養在室內。

貓泛白血球減少症（貓傳染性腸炎、貓瘟）：以往稱為貓瘟熱。家中如果飼養多隻貓咪，就會一口氣全部被感染。症狀／感染數天之後就會開始出現發燒、腹瀉與嘔吐等症狀，此外還會出現脫水與低血糖等症狀。而黏膜狀的血便還會散發出一股獨特的臭味。幼貓若是感染上這種病，致死率非常高。預防／接種疫苗（三合一）、完全飼養在室內。有時飼主會是感染途徑，所以盡量不要隨便觸摸感染這種疾病的貓。

貓傳染性腹膜炎（FIP）：會引起腹膜炎與胸膜炎的病毒性疾病。一旦發病，致

我們已經到醫院了，
你可不可以從外出袋裡出來呀？

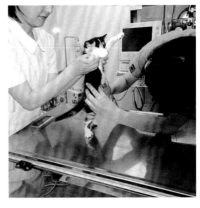

我們請和藹可親的醫生
幫你看病喔。

死率非常高，有時連眼睛與腎臟也會發炎。症狀／腹部與胸腔積水腫大。食慾不振、發燒、腹瀉。預防／為貓咪營造一個沒有壓力的生活環境。沒有疫苗可以施打。

支氣管炎、肺炎：通常會因為病毒性貓感冒的情況嚴重而發作，同時惡化速度相當快，一旦發現，最好及早治療。症狀／咳嗽咳個不停、發燒。引發肺炎的話，還會出現呼吸困難等症狀。預防／接種疫苗。

（※貓感冒請參考122頁）

◎其他疾病

糖尿病：血糖值如果異常偏高，貓咪就會多喝多尿。肥胖、遺傳與內分泌功能低下等複數因素，通常會引發糖尿病發作。症狀／多吃多喝，體型卻十分消瘦，而且體重下降。預防／要注意飲食與運動不足，不要讓貓咪過胖。

甲狀腺機能亢進症：甲狀腺荷爾蒙分泌異常，新陳代謝過於旺盛，使得熱量大量消耗的疾病。通常多發生在高齡貓身上。症狀／食慾旺盛，食量大卻依舊消瘦。靜不下來，而且變得富有攻擊性。預防／注意食慾是否有變化，盡量早期發現。

巨結腸症：腸道功能低下，糞便一直囤積在結腸的疾病。一旦結腸擴大，就會失去排擠大便的力量，導致糞便繼續囤積，最後變成宿便。症狀／便祕，慢性化導致食慾不振、嘔吐。預防／增加富含膳食纖維的飲食內容，並且利用瀉藥或灌腸刺激排便，及早解決便祕問題。

突發性膀胱炎（急性膀胱炎）：有別於一般的膀胱炎，就算出現症狀，卻無法透過檢查特定病因，不易治療，必須對症下藥。有可能是因為生活環境的壓力與飲食造成，有時停止提供乾飼料，使其多攝取水分可以改善情況。症狀／頻尿、排尿困難等。預防／盡量不要讓貓咪感到壓力，並且增加飲水量。

PART

5

高齡期的照護
～為了保持健康長壽～

雖然外表看起來依舊年輕

希望寶貝貓咪長壽是每一位飼主的心願。
而在「醫・食・住」的改善之下，家貓的平均壽命
比以往拉長了許多，甚至已經超過15歲。
可見今後有貓咪陪伴的生活不再只是希望牠能夠健康長壽，
如何擁有一段「幸福的高齡期」也會漸漸成為飼主的課題。

貓咪增齡的速度是人類的4倍

活潑可愛的幼貓時期非常短暫，一眨眼貓咪就已經長大了。2～3個月大的幼貓相當於人類的2～4歲，6個月大等同於人類的10歲，10個月是15歲，而成長到12個月時，就已經相當於17歲了。滿2歲是人類的24歲，之後每過1年就等於人類的4年，也就是說，貓咪是以人類成長速度的4倍在成長的。儘管增齡速度相當快，但是這20年來貓咪的平均壽命已經超過15歲，根本就是大幅躍進，甚至有不少貓咪的年齡已經超過20歲。

讓貓咪老得更健康

若要將貓咪的生命週期分階段，7歲以後其實就已經算是進入熟齡期了，之後則是一段漫長歲月。貓咪的外表開始出現老化徵兆是在10歲左右。雖然外觀看起來毫無兩樣，但是貓咪10歲就等同於人類的56歲，屬於必須注意健康的重要時期。

人也是一樣，必須注意飲食均衡，並讓自己過著沒有壓力的生活。因此可以的話，我們也要盡量維持貓咪的健康，以老當益壯的20歲為目標，一起幸福地走下去吧。

貓與人類年齡的對照表

貓的年齡	幼齡期		成貓期				熟齡期			高齡期								超高齡期				
	1歲	2歲	3歲	4歲	5歲	6歲	7歲	8歲	9歲	10歲	11歲	12歲	13歲	14歲	15歲	16歲	17歲	18歲	19歲	20歲	21歲	22歲
人的年齡	17歲	24歲	28歲	32歲	36歲	40歲	44歲	48歲	52歲	56歲	60歲	64歲	68歲	72歲	76歲	80歲	84歲	88歲	92歲	96歲	100歲	104歲

已經無法爬高

一旦上了年紀，肌肉就會開始衰退

從哪裡看出貓咪老了

貓咪從外表是看不出上了年紀的，甚至幾乎沒有兩樣。如果有人帶中途保護或是流浪貓到我們動物醫院來，我們通常會從被毛、牙齒以及眼睛的水晶體來推測貓咪的年齡。

雖然每隻貓的情況不同，但10～12歲以上的貓咪可從以下幾點看出老化。

- 臉部的白髮變得明顯
- 眼睛的水晶體變得混濁
- 重聽（尤其是高音域）
- 嗅覺變得遲鈍，對吃飯反應變慢
- 咀嚼能力變差，喜歡吃軟一點的飼料
- 變得不太愛理毛
- 不太愛磨爪子
- 無法跳高　等等

透過行為與習慣變化看出老化

家裡的貓咪不再理毛，而且被毛蓬鬆乾燥，掉落的貓毛與皮屑也愈來愈明顯。開始不磨爪，老舊的爪子（角質）愈來愈難掉落，爪子也收不回去（走路時會發出喀答喀答的聲音），甚至整個捲曲起來。

貓咪若是因為老化而使得感覺功能與肌力衰退的話，行為模式也會開始慢慢改變。

像是以前都會到玄關迎接飼主回家的貓咪，有一天會突然不再等門。

這有可能是因為貓咪的聽力衰退，聽不見也感覺不到走近玄關的腳步聲以及有人在走動。

另外，肌力一旦衰退，腰腿就會變弱，如此一來貓咪在跳高時就會猶豫，而且也會無法爬上以往當作崗哨站的書櫃與衣櫥最上方。

不僅如此，叫牠吃飯卻沒有立刻跑過來，反而慢吞吞地走來吃飯，不然就是擺出香盒坐姿，彷彿擺飾品般一直靜靜坐在窗邊。面對貓咪的這些變化，周圍的人也要敏銳地察覺牠們「老化」的情況。

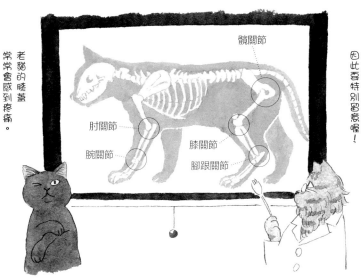

老貓的睡墊常常會感到疼痛。

髖關節

肘關節

腕關節

膝關節

腳跟關節

關節炎通常會出現在前腳的肘關節、後腳的膝蓋以及髖關節這些地方，肥胖還會對關節造成相當大的負擔，因此要特別留意喔！

好好面對貓咪變老的現實

貓咪的肌肉量一旦因為增齡老化而減少，第一個會影響到後腳，這時不僅是跳躍力，還會導致全身的運動能力低下，動作也會變得不夠迅速俐落。

因此，貓咪必須面對原本跳得上去的地方開始跳不上去、原本可以輕鬆做到的事開始做不到的事實。

貓咪若是不再像以前一樣在玄關等門，上樓梯時不再跟前跟後的話，說不定是體力衰退所造成的。在這種情況之下，貓咪通常只會一直躺在床上睡覺。

只要貓咪一開始出現這樣的變化，首先要多加觀察，看看這是因為增齡而導致的老化現象，還是因為關節炎等疾病造成的情況，若是不放心，不妨向獸醫請教。

切勿放棄因增齡導致的關節炎

貓咪一旦進入高齡期，走路就會左右擺腰，步行方式開始變得異常。這種情況通常是關節炎造成的，也就是關節軟骨減少導致發炎的狀態。

如果是老貓，有些飼主會認為「因為上了年紀，得到關節炎沒辦法」。其實只要讓貓咪接受治療，情況通常都能夠改善，所以千萬不要任意下判斷。

只要獸醫開立止痛與抑制發炎的藥物，通常貓咪走路的情況就會好轉，另外讓貓咪食用含有硫酸軟骨素與葡萄糖胺的貓用營養品也能為牠們補充一些軟骨成分，所以根本就不需要放棄。

貓咪罹患關節炎時若是置之不理，就會演變成變形性關節炎，這樣貓咪就會一拐一拐地拖著腿走路，不管是站著還是坐著，動作都會變得遲鈍，這樣反而會失去精神與活力。

可以稍微調整飲食內容

貓咪快10歲時，就要幫牠重新調整飲食了

熟齡、高齡期的飲食內容

年紀漸漸增長的貓咪，活動量與代謝量通常都會變差，如果繼續攝取和年輕時一樣的成貓飼料，反而會攝取過多的熱量。

熱量一多就會非常容易導致肥胖，罹患糖尿病等疾病的機率也會增加，這樣反而讓人擔心不已。基本上來講，老貓的飲食熱量不能太高。不過我們還是要記住一點，那就是貓咪每增加1kg，攝取的蛋白質必須是人類的6倍才行。

寵物飼料賣場會按照年齡以及生命週期將飼料分類，例如「10歲以上」或是「接近15歲」。熱量、蛋白質與鎂的含量比成貓飼料低的老貓（7歲～）飼料選擇愈來愈多，有的甚至標榜可以維護腎臟健康，或是改善泌尿器官疾病。

對飼主來說，在飼料包裝上標示適用年齡固然方便，但是就算年齡符合，並不代表寶貝貓咪的體質與健康狀況適合這款飼料。

所以當我們在為貓咪挑選飼料時，不要只看包裝上的標示與說明，也要細看成分表的內容才行。

既然希望心愛的貓咪能夠活得健康長壽，當我們在選擇優質飼料時，最好能夠注意以下幾點。

● **盡量選擇無添加（沒有任何添加物）的飼料**

● **盡可能挑選無穀物（主要原料為肉與魚，不含任何穀物）的飼料**

● **選擇低熱量的飼料（每100g約350～389Kcal）**

● **飼料所含的脂質比成貓飼料低（脂質含量13～20%）**

● **如果擔心貓咪腎臟的健康，可以選擇低蛋白質的飼料（蛋白質含量25～35%）**

● **如果擔心貓咪過瘦，可以挑選高蛋白質的飼料（蛋白質含量～70%）**

營養成分
蛋白質……28%以上
脂質………14%以上
粗纖維……4%以下
灰分………9%以下

蛋白質與脂質的量，要好好確認飼料包裝上的成分表喔！

Senior

貓咪上了年紀之後，飲食如果還是跟年輕時一樣的話，
恐怕會造成許多影響。

如何餵食進入老年的貓咪

就算有人說「這是適合老貓吃的飼料，有益健康喔」，但是貓咪往往只吃自己想吃的東西，要是不合胃口就會連碰也不想碰。

即使用心考量到健康層面，但是貓咪不吃就沒有意義。要是剝奪牠們吃東西的自由與樂趣，反而會對健康造成不好的影響。

換成老貓飼料時，如果貓咪因此食慾不振，不妨試試以下這幾種方法。
①每次摻入一點之前吃的飼料，之後再慢慢增加老貓飼料的比例。
②換飼料時多加一些貓咪喜歡的配料。
③將濕食或為貓咪做的貓食微波加熱至38℃左右，利用香味刺激嗅覺變得遲鈍的老貓。
④將貓碗墊高，讓貓咪容易進食。

貓咪一旦上了年紀，彎腰吃飯時東西會很容易從嘴裡掉出來，因此要幫牠們把貓碗的位置調高，原則上以6～8cm的高度為佳。

遺傳性疾病與體質需納入考量

就算貓咪現在健康無虞，但若發現有遺傳性疾病，或是健康檢查時發現貓咪容易生病，就要採用處方飼料了。

這是一種透過飲食來預防貓咪發病的觀念，可以與常去的動物醫院一起合作進行。

假設家裡的貓咪有貓肥大性心肌病這種疾病，但是病況不嚴重的話，就可以搭配能夠減輕心臟負擔的飲食療法。例如將雞肉或魚等低脂肪、高蛋白的食材與蔬菜一起倒入食物處理機中，攪打成糊狀再給貓咪吃，或是自己為貓咪做湯狀的療養食，這些對貓咪的病情都會有所幫助。

打造適合老貓的宜居環境

能夠放鬆心情的家勝過一切

再次實行「貓咪居家也瘋狂」

貓咪到了10歲是一個轉捩點，因為從這個時候開始，連牠們也會覺得自己老了。運動功能衰退，個性原本很活潑的貓咪漸漸變得每天慵懶度日。

對於這樣的老貓而言，最理想的居住環境就是家裡有好幾個自己中意的休息處，沒有其他刺激或壓力的「溫暖的家」。

因為貓咪年紀愈大，就愈需要一個能夠安心平靜的空間。

身為飼主，這時必須再次努力實行「貓咪居家也瘋狂」（18頁）中提到的7項約定，提供貓咪一個安定舒適的生活。對貓咪說話時輕聲細語，或是稍微布置一下家裡，就能夠營造一個氣氛溫馨的空間。畢竟老貓也是希望有人呵護疼惜的。

花些心思，減輕負擔

想要為貓咪打造一個舒適的生活空間時，不妨應用適合老人家居住的無障礙空間這個觀念。像是改善樓梯高度與比較傾斜的地方，讓貓咪在走動時不會對身體造成太大的負擔。

雖然貓咪喜歡在高處休息，但是腰腿一旦變得無力，就會無法爬到喜歡的地方去。

如果家具的頂端是貓咪的崗哨站，可以利用其他家具或板材為貓咪安裝一個樓梯狀的跳台，或是把板子斜放，當作斜坡，這樣就能改善家中環境了。只要貓咪可以輕鬆地爬上去，原本喜歡卻跳不上去的地方就可以再次爬上去了。

貓廁所也要打造成無障礙空間

貓咪一旦憋尿，就會引發泌尿器官疾病。

為了避免這種情況出現，貓廁所最好是擺在不會吵雜、乾淨整潔的地方，為貓咪營造一個方便使用的環境。

貓便盆側面的高度有時會讓貓咪跨不過去，這時可以為牠們擺個踏台，或是做一個斜坡，讓貓廁所成為一個無障

只要多了踏台，上廁所時就輕鬆多了！

真的耶——♪

適合老貓與超高齡貓、
悠閒舒適的家最棒了！

礙空間。這個斜坡只要傾斜15°，就足
以減輕貓咪腰腿的負擔了。踏台表面如
果貼上一層PVC防滑墊，還可以發揮
止滑效果。

增加喝水地點與運動量

　　貓咪一旦上了年紀，最令人掛念的
就是水喝的不多，還有運動不足。

　　為了讓貓咪渴了隨時有水喝，喝水
的地方要多增加3～4個。至於水碗要
放在貓咪喜歡的地方附近（其中一個要
靠近睡床），盡量避免擺在通道上，而
且還要勤換水。

　　另外，貓咪若是年紀大而一直待在
床上的話，肌肉就會因為運動不足而衰
弱。在這種情況之下飼主要撥出時間陪
貓咪一起玩耍，就算1天只有5分鐘也
沒關係，只要讓貓咪動一動就可以了。

　　由於貓咪的體力無法持久，因此可
以挑選狩獵遊戲或是丟球等能讓貓咪短
時間集中精神的遊戲。尤其是對逗貓棒
已經沒有興趣的老貓，有時反而會被照
在牆面上的雷射筆光線吸引而追著跑，
所以不妨多方嘗試。

想要悠閒地養老

只要醫、食、住完善齊全，活到20歲絕非夢想！

健康篇

PART

5

高齡期的照護
～為了保持健康長壽～

從「長壽貓調查」明白的事

過去我曾經以日本全國超過18歲的長壽貓為對象做了一份調查，分析這些貓咪長壽的祕訣（《ご長寿猫に聞いたこと》（日貿出版社））。

就某個層面來講，這份調查闡明的長壽祕訣出乎我意料之外，然而卻讓我十分認同。

首先為大家介紹其中一部分的確認結果。

- 餐飲內容一如往昔
- 母貓比公貓長壽，比例為6：4
- 光是飼養在室內是不會長壽的
- 愛撒嬌的貓咪居多
- 就算家中飼養多隻貓咪也沒問題
- 即使是品種貓也一樣長壽 等等

在進行調查的過程當中，甚至還出現了年齡超過20歲的愛滋貓。同時結果也指出貓咪長壽與否，與品種幾乎毫無關聯。

最重要的事就是吃得開心

包括壽終正寢的貓在內，長壽貓的共同點，就是走前一刻都還在吃。

好好地吃。這就是貓咪健康有活力的證據，也是長壽的祕訣。可見「讓貓擁有想吃什麼就吃什麼的自由」是非常重要的。

貓咪上了年紀之後其實吃得不多，如果每一餐的飯量都變少的話，那就增加吃飯的次數，如果有喜歡吃的東西，偶爾可以讓牠們解解饞，好讓牠們持續對吃感興趣。

貓咪到了12歲時，通常肌肉量就會開始變少，體重也會減輕。但是只要肯吃，還是能夠保持活力的。

保持適當距離，支持貓咪

這些長壽貓的另外一個共同點，就是自由自在，無拘無束。可見貓咪也是需要QOL（Quality of Life＝生活品質）的。

長壽的貓不管是變老還是生病，都應該要維持貓咪應有的模樣，一邊與人親密接觸， 邊保持某種程度的生活品質（QOL）。

這些長壽貓都擁有一個可以讓自己安心休息的地方，對吃不會感到不安，生活也沒有危險與恐懼，心情平靜，也就是可以輕鬆悠哉地生活。

而那個地方，當然還有人類給予的溫暖與愛。

但是也不要過度關心與約束貓咪，彼此之間保持適當的距離，這樣才能夠妥善地支持貓咪的QOL。

醫、食、住的變化會改變貓咪

1990年代起，自從貓咪的「醫、食、住」改善之後，日本家貓的平均壽命便大幅提升。

「醫」指的是徹底替貓咪執行結紮手術、疫苗接種的普及，以及醫療與藥物的進步。

「食」指的是貓咪餐飲內容與貓飼料品質的改善，尤其是綜合營養貓食的普及。

「住」指的是完全飼養在室內的一般化。因為沒有離家外出，所以打架受傷而得到感染症以及遭遇危險的情況也大幅降低。

不久之前還常聽人家說家貓10年，流浪貓5年。但是到了2016年，日本貓咪的平均壽命已經達到15.04歲（日本寵物飼料協會調查），而且還有可能繼續延長。可見貓咪已經不再是單純的寵物，而是與人類共同生活、需要愛來呵護的對象了。

盡力而為，讓貓咪健康長壽

接下來的日子，並非只希望貓咪能夠長壽，目標是要讓貓咪「健康幸福長壽」。只要「醫、食、住」可以進一步改善，再加上人類的積極意念，達成這個目標絕非夢想。

想要長久與疼愛的貓咪過著幸福快樂的日子，飼主能為牠們做的事大致可以分為以下這3件。

①積極帶貓咪施打疫苗、做健康檢查，並且時常注意貓咪的健康狀態。

②為貓咪準備牠真正喜歡，而且有益健康的飲食內容。

③提供貓咪一個沒有壓力、快樂舒適的生活環境，並且滿懷著愛與貓接觸。

而在平常的日子裡，還要實踐我們在「貓咪居家也瘋狂」與「貓咪健康不可少」這兩大單元中提到的約定，讓寶貝貓咪更加健康長壽。

總有離別的一天

謝謝你，有你的這段日子真的很幸福

萬一貓咪需要看護

　　萬一寶貝貓咪因為衰老或生病而需要看護時，身為飼主應該會覺得自己當下能做的，就是盡量陪伴在牠們身旁。而只要飼主在身旁，需要看護的貓咪也會覺得安心。

　　看護的方法與貓咪的狀況（是快要復原、重病、還是病危）固然需要妥善考量，但是因為過於疼愛貓咪而整個人都投入看護生活中的話，恐怕會對飼主的身心造成負擔，這一點要小心留意。長期看護貓咪的情況並不多見，通常都是集中照護。萬一真的需要在貓咪身旁看護，飼主要先牢記3點。

①不需竭盡全力、不要鑽牛角尖
些微的失敗與休息是理所當然的。

②不孤立自己
要和同伴或是朋友聊一聊寶貝貓咪的情況，放鬆自己的心情。多和獸醫聊一聊也能夠避免孤立。

③在經濟能力範圍內盡力而為
絕對不可以讓自己的生活過不下去。如果是單身的年長者，周遭的人也要幫忙留意。

　　在照護貓咪時，一定要在自己的能力範圍內用心地照顧。

與貓永別時該如何面對

　　不管是什麼樣的貓，總有離別的一天。畢竟大家的生命都是有限的，更何況大多數的情況，都是貓咪早一步離我們而去。

　　既然如此，我們要如何接受並且熬過分離的時刻呢？

　　為了面對這種情況，從現在開始多少要有所覺悟。但是在這之前，最重要的一件事，就是好好珍惜能夠陪伴在貓咪身旁的這段日子。

　　當寶貝貓咪即將離去的那一天慢慢接近時，只要心裡想著「能為這個孩子做的事情都已經做了，能付出的愛也毫不保留地付出了，在一起的那段快樂時光會牢記在心的」，應該就能夠坦然接受離別所帶來的悲傷了。

　　只要心裡這麼想，悲傷就會深藏於心，在貓咪離去後的那段時間便能慢慢重振精神，相信寶貝貓咪給予我們的幸福快樂一定會勝過失去的落寞與心痛，讓我們心懷感謝地熬過這段傷心歲月。

　　在此也希望大家能夠與貓咪擁有一段健康幸福的日子。

索引

索引

症 狀 ‧ 其 他

索
引

174

野澤延行

1955年出生於東京。獸醫。北里大學畜產學部獸醫學科畢業。在出生長大的西日暮里開設野澤動物醫院，同時也積極解決鄰近的谷中等地的流浪貓問題。著有《獸医さんのモンゴル騎行》（山與溪谷社）、《ネコと暮らせば》（集英社）、《獸医さんが出会った 愛を教えてくれる犬と幸せを運んでくる猫》（新潮社）等多本著作，中文譯作有《想和貓咪說說話：那些貓咪不說你不會懂的73個祕密》（四塊玉文創），監修方面則有《ご長寿猫に聞いたこと》（日貿出版社）、《貓咪你想說什麼》（晨星）等書。

【日文版工作人員】
照片：池田晶紀（ゆかい）
照片提供：ドコノコ（ほぼ日）
插圖：Junichi Kato
美術指導・設計：吉池康二（アトズ）
構成・執筆協助：宮下 真（オフィス M2）
編輯：宇川 静（山と溪谷社）
協助：ドコノコ（ほぼ日）、株式会社ゆかい、小菅くみ　感謝ドコノコ的用戶，以及投稿的各位

【主要參考文獻】
《決定版 うちの猫の長生き大事典》（Gakken）
《猫のみかた》（インターズー）
《一般診療にとりいれたい 犬と猫の行動学》（ファームプレス）
《ペット栄養学事典》（日本ペット栄養学会）
《主要症状を基礎にした猫の臨床》（デーリィマン社）
《ひとと動物の絆の心理学》（ナカニシヤ出版）
《Felis Vol.05》、《Felis Vol.09》（アニマル・メディア社）
《建築知識 2017 年 1 月号》（エクスナレッジ）

貓咪要健康
貓奴必備的毛孩健康管理手冊

2019 年 4 月 1 日初版第一刷發行

作　　者　野澤延行
譯　　者　何姵儀
副 主 編　陳正芳
美術設計　黃盈捷
發 行 人　南部裕
發 行 所　台灣東販股份有限公司
　　　　　＜網址＞http://www.tohan.com.tw
法律顧問　蕭雄淋律師
香港發行　萬里機構出版有限公司
　　　　　＜地址＞香港鰂魚涌英皇道1065號東達中心1305室
　　　　　＜電話＞2564-7511
　　　　　＜傳真＞2565-5539
　　　　　＜電郵＞info@wanlibk.com
　　　　　＜網址＞http://www.wanlibk.com
　　　　　　　　　http://www.facebook.com/wanlibk
香港經銷　香港聯合書刊物流有限公司
　　　　　＜地址＞香港新界大埔汀麗路36號
　　　　　　　　　中華商務印刷大廈3字樓
　　　　　＜電話＞2150-2100
　　　　　＜傳真＞2407-3062
　　　　　＜電郵＞info@suplogistics.com.hk

NEKO NO TAME NO KATEI NO IGAKU
© 2018 Nozawa Nobuyuki
Originally published in Japan in 2018 by
Yama-Kei Publishers Co., Ltd.
Chinese translation rights arranged through
TOHAN CORPORATION, TOKYO.

TOHAN